AF461335

RÉSUMÉ ANALYTIQUE

DES OBSERVATIONS DE FRÉDÉRIC CUVIER

SUR

L'INSTINCT ET L'INTELLIGENCE DES ANIMAUX.

IMPRIMERIE D'HIPPOLYTE TILLIARD,
Rue Saint-Hyacinthe-Saint-Michel, 30.

RÉSUMÉ ANALYTIQUE

DES OBSERVATIONS DE FRÉDÉRIC CUVIER

SUR

L'INSTINCT ET L'INTELLIGENCE

DES ANIMAUX.

PAR

P. FLOURENS,

Secrétaire perpétuel de l'Académie royale des Sciences (Institut de France), Membre des Sociétés royales de Londres et d'Édimbourg, etc., Professeur de physiologie comparée au Muséum d'histoire naturelle de Paris.

PARIS.

CH. PITOIS, ÉDITEUR.

LANGLOIS ET LECLERCQ, LIBRAIRES,

Ancienne maison Pitois-Levrault et Cie,

RUE DE LA HARPE, 81.

1841.

A

MONSIEUR DROZ,

Membre de l'Académie française et de l'Académie des sciences morales et politiques.

MON AMI,

Je vous prie d'accepter l'hommage de ce petit écrit, en souvenir de l'amitié de *Frédéric Cuvier*, et comme un témoignage de ma profonde affection.

FLOURENS.

AVERTISSEMENT.

Ce *Résumé* des *Observations* de F. Cuvier sur l'*instinct et l'intelligence des animaux* a déjà paru, du moins en partie, dans le *Journal des Savants* (année 1839).

J'en donne aujourd'hui cette édition séparée, pour répondre au vœu de quelques personnes qui s'intéressent à ce genre d'études.

F. Cuvier a été chargé, pendant trente années, de la direction immédiate de la ménagerie du Muséum d'histoire naturelle.

Les écrits dans lesquels il a répandu ses *Observations*, matériaux précieux que la mort l'a empêché de réunir en un corps d'ouvrage, sont les suivants :

Observations sur le Chien de la Nouvelle-Hollande, précédées de quelques réflexions sur les facultés morales des animaux. (Annales du Muséum, vol. XI. 1808.)

Description d'un Orang-Outang, et Observations sur ses facultés intellectuelles. (Annales du Muséum, vol. XVI. 1810.)

Observations sur les facultés physiques et intellectuelles du Phoque commun (Phoca vitulina, Linn.) (Annales du Muséum, vol. XVII. 1811.)

De l'Instinct des animaux. (Art. *Instinct*

du *Dictionnaire des Sciences nat.*, vol. XXIII. 1822.)

Examen de quelques Observations de M. Dugald-Stewart, qui tendent à détruire l'analogie des phénomènes de l'instinct avec ceux de l'habitude. (Mémoires du Muséum, vol. x. 1823.)

De la Sociabilité des animaux. (Mémoires du Muséum, vol. XIII. 1825.)

Essai sur la domesticité des Mammifères, précédé de Considérations sur les divers états des animaux dans lesquels il nous est possible d'étudier leurs actions. (Mémoires du Muséum, vol. XIII. 1825.)

Et surtout son grand ouvrage, intitulé : *Histoire naturelle des Mammifères* (1), ouvrage le plus important qui ait paru sur l'histoire naturelle des quadrupèdes depuis Buffon.

---

(1) *Avec figures originales coloriées, dessinées d'après des animaux vivants ;* 70 livraisons in-folio, de 1818 à 1837.

F. Cuvier était né à Montbéliard le 28 juin 1773.

Il est mort le 24 juillet 1838 (1).

(1) Voyez mon *Éloge historique de Frédéric Cuvier*, lu dans la séance publique de l'Académie des sciences du 13 juillet 1840. (*Mém. de l'Acad. des Sc.*, tome XVIII.)

I.

De l'instinct et de l'intelligence des animaux.

Descartes. — Buffon. — Réaumur. — Condillac. — Georges Leroy.

L'étude positive des instincts et de l'intelligence des animaux, commencée par Buffon et par Réaumur, a été, pour la première fois peut-être, indiquée comme une science propre par G. Leroy.

« Les descriptions anatomiques, dit G. Leroy, l'auteur des *Lettres philosophiques sur les animaux*, publiées d'abord sous le nom du *Phy-*

sicien de Nuremberg, les descriptions anatomiques, les caractères extérieurs qui distinguent les espèces, les inclinations naturelles qui les différencient, sont sans doute des objets très importants de l'histoire des bêtes; mais, quand tout cela est connu, il me semble qu'il y a encore beaucoup à faire pour le philosophe » (1). Il ajoute : « Le naturaliste, après avoir bien observé la structure des parties, soit extérieures, soit intérieures, des animaux, et deviné leur usage, doit quitter le scalpel, abandonner son cabinet, s'enfoncer dans les bois pour suivre les allures de ces êtres sentants, juger des développements et des effets de leur faculté de sentir, et voir comment, par l'action répétée de la sensation et de l'exercice de la mémoire, leur instinct s'élève jusqu'à l'intelligence » (2).

Ainsi, d'après G. Leroy, outre l'*anatomie* qui étudie les parties des animaux, et la *zoologie* qui marque les caractères de leurs espèces, il y

---

(1) *Lettres philosophiques sur l'intelligence et la perfectibilité des animaux*, etc., par Charles-Georges Leroy. Paris, 1802, page 2.

(2) *Ibid.*, page 4.

a un champ déterminé de recherches, une science propre; et l'objet de cette science propre est l'étude positive et d'observation, l'étude expérimentale des faits de l'intelligence des animaux.

Et, comme on voit, cette science est toute nouvelle. Non, assurément, qu'on ne se soit beaucoup occupé, depuis Descartes, de la question métaphysique de l'ame des bêtes. Je ne sais, au contraire, s'il est une seule autre question de ce genre sur laquelle on ait plus écrit. Mais, je le répète, pour l'étude positive et d'observation, pour l'étude des faits, elle commence avec Réaumur, avec Buffon, avec G. Leroy, se continue depuis par quelques observateurs habiles, nommément par les deux Huber, et reçoit enfin, de nos jours, un certain ensemble et comme une vie nouvelle, des travaux de F. Cuvier.

La question métaphysique de l'ame des bêtes est née, comme chacun sait, d'une opinion de Descartes. On commençait à se lasser des vieilles querelles sur Aristote. Il fallait à la dispute, ce besoin éternel des écoles, des sujets nouveaux. Descartes vint pour renouveler tout à la fois le champ et la forme de la philosophie. Son opinion sur le *pur automatisme* des bêtes fit surtout une fortune prodigieuse. La chose vint à ce point qu'il ne fut presque plus permis de se dire cartésien qu'à la condition de soutenir que les bêtes sont des machines. C'est ce que remarque avec esprit le P. Daniel, dans une de ses *Lettres* (1). « Le point essentiel, dit-il, « du cartésianisme, et comme la pierre de touche « dont vous vous servez, vous autres chefs de « parti, pour reconnaître les fidèles disciples de « votre grand maître, c'est la doctrine des au- « tomates, qui fait de pures machines de tous « les animaux, en leur ôtant tout sentiment et « toute connaissance. Quiconque a assez d'entê- « tement pour ne trouver nulle difficulté à ce « paradoxe, a aussitôt votre agrément pour se « faire partout honneur du nom de cartésien. « Ce seul point renferme ou suppose tous les

(1) *Suite du Voyage du monde de Descartes; Lettre première touchant la connaissance des bêtes*, page 3.

« principes et tous les fondements de la secte...
« Avec cela il est impossible de n'être pas carté-
« sien, et sans cela il est impossible de l'être. »

Mais si, d'un côté, le *pur automatisme* des bêtes fut soutenu avec chaleur par les vrais cartésiens, il fut combattu, de l'autre, par une foule d'écrivains qui n'apportèrent dans la dispute ni moins d'ardeur, ni moins de persévérance. De là tous ces livres sur l'*âme des bêtes*, dont les premiers commencent avec Descartes, et dont les derniers ne finissent guère qu'avec le XVIIIe siècle.

La plupart de ces livres méritent d'être lus. Une certaine force philosophique règne dans celui du P. Pardies (1), dans celui de Boullier (2); il y a de l'esprit dans celui du P. Daniel (3); celui du P. Boujeant (4), qui veut que *les bêtes ne soient que des diables*, et qui explique par là comment elles pensent, connaissent et sentent, est un badinage ingénieux. C'est le contre-pied

(1) *Discours de la connaissance des bêtes.*

(2) *Essai philosophique sur l'âme des bêtes.*

(3) *Suite du Voyage du monde de Descartes.*

(4) *Amusement philosophique sur le langage des bêtes.*

le plus plus formel et la critique la plus fine de l'opinion de Descartes. Descartes refuse aux bêtes tout esprit ; et le P. Boujeant leur en trouve tant, qu'il veut que ce soient des diables qui le leur fournissent.

Mais tous ces livres pèchent par les mêmes vices : le défaut de faits, les raisonnements à vide; le lecteur se lasse de voir que la question n'avance pas. Et comment avancerait-elle? La question de l'intelligence des bêtes est une question de faits, une question d'étude expérimentale; ce ne peut être une simple thèse de métaphysique. Or, tous ces auteurs, à commencer par Descartes, ne sortent jamais de la thèse métaphysique. C'est ce qu'il est aisé de faire voir, et particulièrement dans Descartes.

Le premier ouvrage où Descartes ait parlé de l'*automatisme* des bêtes, est son *Discours sur la méthode;* et là il en donne ces deux raisons, toutes deux très fines et très profondes : la première, que « jamais les bêtes ne sauraient user « de paroles ni d'autres signes, comme nous « faisons pour déclarer aux autres nos pensées »;

et la seconde, que « bien que les bêtes fassent « plusieurs choses aussi bien et peut-être mieux « qu'aucun de nous, elles manquent infailliblement en quelques autres, par lesquelles on « découvre qu'elles n'agissent pas par connais« sance, mais seulement par la disposition de « leurs organes » (1).

« C'est une chose bien remarquable, dit-il, « qu'il n'y a point d'hommes si hébétés et si « stupides, sans en excepter même les insensés, « qui ne soient capables d'arranger ensemble « diverses paroles et d'en composer un discours « par lequel ils fassent entendre leurs pensées; « et que, au contraire, il n'y a point d'autre « animal, tant parfait et tant heureusement né « qu'il puisse être, qui fasse le semblable... Et « ceci ne témoigne pas seulement, continue« t-il, que les bêtes ont moinsde raison que les « hommes, mais qu'elles n'en ont point du « tout » (2).

Il dit ensuite : « C'est aussi une chose fort

---

(1) *Discours sur la méthode*, 5e partie; édition des œuvres de Descartes par M. Cousin.

(2) *Ibid*.

« remarquable que, bien qu'il y ait plusieurs « animaux qui témoignent plus d'industrie que « nous en quelques-unes de leurs actions, on « voit toutefois que les mêmes n'en témoignent « point du tout en beaucoup d'autres : de façon « que ce qu'ils font mieux que nous ne prouve « pas qu'ils ont de l'esprit, car, à ce compte, « ils en auraient plus qu'aucun de nous, et fe« raient mieux en toute autre chose; mais plu« tôt qu'ils n'en ont point, et que c'est la nature « qui agit en eux, selon la disposition de leurs « organes : ainsi qu'on voit qu'une horloge, « qui n'est composée que de roues et de ressorts, « peut compter les heures et mesurer le temps « plus justement que nous avec notre pru« dence » (1).

Descartes conclut donc, de ce que les bêtes ne parlent pas, qu'elles sont sans intelligence. Mais, pour que la conséquence fût sûre, il faudrait qu'il eût été prouvé d'abord que la parole est la seule forme, la seule expression possible de l'intelligence; et c'est ce qui n'a pas été fait.

---

(1) *Discours sur la méthode*, 5e partie.

Donc, la première preuve de Descartes n'est qu'une pétition de principe.

Sa seconde preuve est d'une sagacité profonde. Ces industries singulières des animaux, *ces choses qu'ils font mieux que nous*, ne prouvent pas en effet pour leur intelligence, elles prouvent contre; elles montrent, pour me servir des expressions heureuses de Descartes lui-même, que, « au lieu que la raison est un « *instrument universel* qui peut servir en toutes « sortes de rencontres, *les organes des bêtes ont « besoin de quelque particulière disposition pour « chaque action particulière* » (1). Mais ici Descartes confond les *instincts* des animaux avec leur *intelligence;* confusion dans laquelle la plupart des auteurs venus après lui sont également tombés, et dont le débrouillement est le premier pas qu'ait eu à faire la question qui nous occupe, dès que cette question a été bien vue.

La première preuve de Descartes n'est donc qu'une pétition de principe; la seconde ne porte que sur la confusion de l'*instinct* avec l'*intelli-*

(1) *Discours sur la méthode*, 5e partie.

gence. Et il ne faut pas croire que Descartes ait jamais ajouté rien de bien essentiel à ce que je viens de rapporter ici. Il est vrai que, dans une de ses *Lettres* (1), il semble aller plus loin, et poser l'*automatisme* des bêtes d'une manière plus absolue. « Il n'y a point de doute, dit-il, « qu'un homme, qu'il place, à la vérité, dans « de certaines conditions très déterminées (2), « ne jugerait pas qu'il y eût dans les bêtes au- « cun vrai sentiment ni aucune vraie passion, « comme en nous, mais seulement que ce se- « raient des automates qui, étant composés par « la nature, seraient incomparablement plus « accomplis qu'aucun de ceux que l'homme fait « lui-même. »

(1) Tome VII, page 398.

(2) Il suppose un homme qui *n'aurait jamais vu que des hommes*, et qui aurait *fabriqué lui-même des automates si parfaits* que, sans les deux moyens indiqués plus haut (*le manque de la parole* et *l'impossibilité de nous imiter en tout*), « il se serait trouvé empêché à discerner entre de vrais hommes ceux qui n'en avaient que la figure. » C'est cet homme qui, voyant ensuite *les animaux qui sont parmi nous*, jugerait que ce sont des *automates*, puisqu'ils *manquent* également *de la parole*, et qu'ils sont également dans l'*impossibilité de nous imiter en tout*.

Mais, dans une autre *Lettre* (1), où il ne s'agit plus de ce que penserait un homme placé dans telle ou telle condition donnée, où il s'agit de sa propre pensée à lui, il dit : « Il faut pourtant remarquer que je parle de la pensée, non « de la vie ou du sentiment; car je n'ôte la vie « à aucun animal... Je ne leur refuse pas même « le sentiment autant qu'il dépend des organes « du corps. Ainsi mon opinion n'est pas si « cruelle aux animaux... »

Ces paroles sont remarquables; et, dans le fond, elles tranchent la question même. Descartes n'ôte aux animaux ni la vie, ni le sentiment; il ne leur ôte que la pensée. Ses *automates* sont donc des automates qui vivent, des automates qui sentent; ce ne sont donc pas de *purs automates*.

Ainsi donc, une fois le sentiment accordé aux bêtes, la question change. Ce n'est plus la question du *pur automatisme;* c'est la question de ce qu'on pourrait appeler l'*automatisme mixte*, ou l'*automatisme* de Buffon.

---

(1) Tome x, p. 208.

« Si je me suis bien expliqué, dit Buffon, on « doit avoir vu que, bien loin de tout ôter aux « animaux, je leur accorde tout, à l'exception « de la pensée et de la réflexion : ils ont le sen- « timent, ils l'ont même à un plus haut degré « que nous ne l'avons; ils ont aussi la con- « science de leur existence actuelle, mais ils « n'ont pas celle de leur existence passée; ils « ont des sensations, mais il leur manque la « faculté de les comparer, c'est-à-dire, la puis- « sance qui produit les idées; car les idées ne « sont que des sensations comparées, ou, pour « mieux dire, des associations de sensa- « tions » (1).

Buffon accorde donc aux animaux la *vie* et le *sentiment*, comme Descartes; il leur accorde de plus, et ceci est un grand pas de fait sur Descartes, la *conscience de leur existence actuelle* (2).

---

(1) *Discours sur la nature des animaux*, tome VII, p. 57, édit. in-12 de l'imp. royale.

(2) Descartes a toujours refusé aux bêtes la conscience de leurs sensations. « J'ai fait voir expressé- « ment, dit-il, que mon opinion n'est pas que les « bêtes *voient* comme nous, *lorsque nous sentons que* « *nous voyons*. » Tome VI, page 339.

Mais il leur refuse la *pensée*, la *réflexion*, la *mémoire* ou *conscience de l'existence passée*, et la *faculté de comparer des sensations*, ou d'*avoir des idées*.

Chacun de ces derniers points mérite un examen à part. Les animaux ont la *conscience de leur existence actuelle*, et ils n'ont pas la *pensée* : mais qu'est-ce que la *conscience de l'existence*, sinon le discernement, la connaissance, et, par conséquent, la *pensée* de l'existence? Peut-il y avoir *conscience* sans *connaissance*, et *connaissance* sans *pensée?*

Ils n'ont pas la *mémoire*. Quoi! ce chien qui *distingue*, c'est-à-dire qui *reconnaît* les lieux qu'il a habités, les chemins qu'il a parcourus; ce chien que les châtiments corrigent, qui pleure le maître qu'il a perdu, qui va jusqu'à mourir sur sa tombe, ce chien n'a pas la *mémoire?* « Tout semble prouver, dit Buffon lui-même, « qu'on ne peut refuser aux animaux la mé« moire, et une mémoire active, étendue, et « peut-être plus fidèle que la nôtre » (1). Et

(1) *Discours sur la nature des animaux*, page 77.

cependant il la leur refuse; et pourquoi? parce que son système veut qu'il la leur refuse (1).

Mais écoutons Buffon, lorsqu'il oublie, du moins en partie, son système. « Un naturel ar-« dent, colère, même féroce et sanguinaire, « rend le chien sauvage redoutable à tous les « animaux, et cède, dans le chien domestique, « aux sentiments les plus doux, au plaisir de « s'attacher et au désir de plaire; il vient, en « rampant, mettre aux pieds de son maître son « courage, sa force, ses talents; il *attend ses*

(1) La force des faits le conduit néanmoins à accorder aux animaux une *sorte de mémoire* (page 85). Il l'appelle *réminiscence;* mais qu'y fait le nom? Il dit aussi qu'elle n'est que le *renouvellement des sensations*, tandis que la mémoire est la *trace des idées*. Ainsi, les bêtes ont le sentiment, la sensation, la conscience de leur existence, la réminiscence de leurs sensations; c'est-à-dire qu'aux mots près, elles ont une véritable intelligence, mais infiniment au-dessous de la nôtre sans contredit, et qui sûrement ne va pas jusqu'à *réfléchir*, puisque *réfléchir* est, pour Buffon, *la puissance des idées générales et l'intelligence des choses abstraites*. La question de l'intelligence des bêtes n'est donc, au fond, que celle de la limite de l'intelligence des bêtes, question de faits et non de mots, et sur laquelle je reviendrai plus loin.

« *ordres* pour en faire usage ; il le *consulte*, il l'*in-*
« *terroge*, il le *supplie ;* il *entend* les signes de sa
« volonté ; sans avoir, comme l'homme, la lu-
« mière de la pensée, il a toute la chaleur du
« sentiment ; il a de plus que lui la fidélité, la
« constance dans ses affections ; nulle ambition,
« nul intérêt, nul désir de vengeance, nulle
« crainte que celle de déplaire ; il est tout zèle,
« tout ardeur et tout obéissance ; plus sensible
« au *souvenir* des bienfaits qu'à celui des outra-
« ges, il ne se rebute pas par les mauvais trai-
« tements ; il les subit, les *oublie*, ou ne *s'en*
« *souvient* que pour s'attacher davantage ; loin
« de s'irriter ou de fuir, il s'expose de lui-
« même à de nouvelles épreuves ; il lèche cette
« main, instrument de douleur qui vient de le
« frapper ; il ne lui oppose que la plainte, et la
« désarme enfin par la patience et la soumis-
« sion » (1).

Il est vrai que, jusque dans cet admirable tableau, Buffon refuse au chien la *lumière de la pensée*. Mais comment, sans une certaine *pensée*, c'est-à-dire sans une certaine *intelligence*,

(1) *Histoire du chien*, tome x, page 2.

le chien peut-il *consulter, interroger, supplier son maître, entendre les signes de sa volonté?* Comment peut-il *entendre* sans *intelligence?* Comment peut-il surtout, s'il n'a pas la *mémoire,* ainsi que Buffon l'assure ailleurs, *se souvenir* des bienfaits, *oublier* les mauvais traitements? Buffon reconnaît, comme historien, ce qu'il nie comme philosophe. D'où vient donc une contradiction si étrange, et qui se fait sentir jusque dans les termes? Ne serait-ce pas que Buffon, malgré son grand sens, se laisse influencer par la nature du travail auquel il se livre, qu'historien, il est plus près des faits, et que, philosophe, il est plus près du système?

Je continue l'examen des propositions dans lesquelles il a lui-même résumé, comme on vient de voir, son système. Il refuse aux bêtes la *réflexion,* et avec grande raison sans doute; car il entend par réflexion « cette opération par « laquelle nous nous élevons à des idées géné- « rales, nécessaires pour arriver à l'intelligence « des choses abstraites » (1). Mais toute espèce

(1) *Discours sur la nature des animaux,* tome VII, page 96.

de *réflexion* peut-elle être refusée aux bêtes? Ce chien qui, tenant une proie dans sa gueule, résiste au désir actuel de la dévorer, le fait non-seulement parce qu'il se *souvient* du châtiment reçu, mais parce qu'il *prévoit* qu'une nouvelle faute sera suivie d'un châtiment nouveau; il résiste, parce qu'il *se souvient*, et parce qu'il *prévoit*; et, s'il y a *prévoyance*, n'y a-t-il pas une sorte de *réflexion?*

Enfin, Buffon refuse aux bêtes jusqu'à la *faculté de comparer des sensations*. Cependant ce chien qui, placé entre le souvenir d'un *châtiment passé* et l'excitation d'un *plaisir présent*, hésite, délibère, doute et ne se détermine qu'après tout ce long débat, ce chien *compare*. Mais Buffon ne veut pas qu'il en soit ainsi; il ne voit, dans tout ce débat intérieur de l'animal, que des *apparences* et du *mécanisme*. « Quelque grandes « que soient ces apparences, dit-il, je crois « qu'on peut démontrer qu'elles nous trom- « pent » (1). De simples *ébranlements mécaniques* lui suffisent pour tout expliquer. « Si le nombre « des ébranlements propres à faire naître l'ap-

(1) *Discours sur la nature des animaux*, t. VII, p. 78.

« petit surpasse, dit-il, celui des ébranlements « propres à faire naître la répugnance, l'animal « sera nécessairement déterminé à faire un mou- « vement pour satisfaire cet appétit; et si le « nombre ou la force des ébranlements d'appé- « tit sont égaux au nombre ou à la force des « ébranlements de répugnance, l'animal ne sera « pas déterminé, il demeurera en équilibre en- « tre ces deux puissances égales, et il ne fera « aucun mouvement, ni pour atteindre, ni pour « éviter » (1). Ainsi, point de comparaison, point de délibération, point de doute; tout se réduit à de simples *ébranlements d'appétit* et de *répugnance*. Tel est le *mécanisme* de Buffon : *mécanisme* où, par un arbitraire assez singulier, on admet comme *réalités* tous les faits qui tiennent au *sentiment*, et où l'on rejette comme *apparences* tous les faits qui tiennent à l'*intelligence; mécanisme* où tout se combat et se con-

(1) *Discours sur la nature des animaux*, tome VII, page 41. Je substitue, dans cette citation, le mot *ébranlement* à celui d'*image*, parce qu'en effet, dans le système de Buffon, le mot générique est *ébranlement*, et que je ne cite ici cet exemple particulier que pour faire mieux entendre le système général.

tredit, et qui, comme l'a fort bien dit Georges Cuvier, « est plus inintelligible que celui de « Descartes » (1).

Je dirai encore un mot sur Buffon. C'est avec Réaumur et avec lui que commence, relativement aux *facultés intérieures* des animaux, l'étude positive et d'observation. Le génie de ces deux hommes célèbres était non-seulement très différent, il était opposé. Réaumur porte la sagacité la plus ingénieuse dans l'observation des détails; on sent partout, dans Buffon, l'habitude de voir en grand et le besoin de remonter aux causes. On devinerait aisément Réaumur à cette phrase : « Décrivons le plus exactement « qu'il nous est possible les productions de la « sagesse divine, c'est la manière de la louer qui « nous convient le mieux » (2). Si Buffon cherche à se faire une idée de l'Être suprême, il le voit « créant l'univers, ordonnant les existen-

(1) *Biographie universelle : Vie de Buffon.*

(2) *Mémoires pour servir à l'histoire des insectes*, tome I, page 25.

« ces, fondant la nature sur des lois invariables « et perpétuelles » (1). Il se moque de Réaumur, qui veut « le trouver attentif à conduire « une république de mouches, et fort occupé de « la manière dont se doit plier l'aile d'un sca- « rabée » (2).

Réaumur avait dit, à propos des insectes en général : « Nous voyons dans ces animaux, *au- « tant que dans aucun des autres*, des procédés « qui nous donnent du penchant à leur croire « un certain degré d'intelligence » (3). A propos des abeilles, il avait parlé de leur *prévoyance*, de leurs *affections*, etc., en des termes qui se ressentaient un peu trop de son enthousiasme d'observateur; et, depuis Réaumur, plusieurs naturalistes avaient encore renchéri sur lui. A les entendre, les insectes auraient surpassé tous les autres animaux en intelligence. Aussi Buffon disait-il avec ironie, « qu'on admire t oujours

(1) *Discours sur la nature des animaux*, tome VII, page 135.

(2) *Ibid.*

(3) *Mémoires pour servir à l'histoire de insectes*, tome I, page 22.

« d'autant plus qu'on observe davantage et « qu'on raisonne moins » (1).

Il combattit toutes ces prétentions outrées. « Les animaux, dit-il, qui ressemblent le plus « à l'homme par leur figure et par leur organi- « sation seront, malgré les apologistes des in- « sectes, maintenus dans la possession où ils « étaient d'être supérieurs à tous les autres « pour les qualités intérieures,.... en sorte que « le singe, le chien, l'éléphant et les autres qua- « drupèdes, seront au premier rang; les céta- « cés (2) seront au second rang; les oiseaux au « troisième, parce que, à tout prendre, ils dif- « fèrent de l'homme plus que les cétacés et les « quadrupèdes; et, s'il n'y avait pas des êtres « qui, comme les huîtres ou les polypes, sem- « blent en différer autant qu'il est possible, les

(1) *Discours sur la nature des animaux*, tome VII, page 130.

(2) Depuis Buffon, les cétacés ont pris leur véritable place, qui, sous le rapport de l'intelligence, les met fort au-dessus de beaucoup d'autres mammifères. Les oiseaux ont donc le second rang.

« insectes seraient avec raison les bêtes du der- « nier rang » (1).

Buffon ramène donc les insectes à leur véritable place; et, ce qui est plus important, il marque des degrés dans les *facultés intérieures* des animaux. Mais, d'une part, il ne voit dans ces *facultés intérieures* des animaux, même les plus élevés, que du *mécanisme;* et, de l'autre, Réaumur voit de l'*intelligence* jusque dans des animaux très inférieurs, c'est-à-dire dans les insectes.

C'est que la distinction fondamentale entre l'*instinct* et l'*intelligence* des bêtes n'était pas encore faite. Partout Réaumur et Buffon confondent l'*instinct* et l'*intelligence;* partout, en ne croyant nier que l'*intelligence*, Buffon nie jusqu'à l'*instinct;* et Réaumur accorde jusqu'à l'*intelligence*, en ne croyant peut-être accorder partout que l'*instinct*.

Quoi qu'il en soit, le premier pas à faire pour

---

(1) *Discours sur la nature des animaux*, tome VII, page 143.

la solution du grand problème des *facultés intérieures* des bêtes, était cette distinction. C'est ce que ne virent ni Réaumur ni Buffon ; et ce que Condillac lui-même, cet esprit si lumineux et si sûr, ne vit pas mieux. Aussi, dans son *Traité des animaux*, dirigé principalement contre Buffon, comme chacun sait, se montre-t-il sous deux aspects très différents : admirable de clarté et de précision, tant qu'il ne s'agit que des *opérations intellectuelles* des animaux, et subtil, embarrassé, confus, dès qu'il s'agit de leurs *opérations instinctives*.

Buffon convient, comme nous avons vu, que les bêtes sentent. Condillac n'a pas de peine à lui prouver que, si les bêtes sentent, elles sentent comme nous ; car, comme il le dit fort bien : « ou ces propositions, *les bêtes sentent et l'homme* « *sent*, doivent s'entendre de la même manière, « ou *sentir*, lorsqu'il est dit des bêtes, est un « mot auquel on n'attache point d'idée » (1). Il lui prouve ensuite qu'il y a contradiction formelle entre dire que tout se fait par mécanisme dans les bêtes, et dire que les bêtes sentent (2).

---

(1) *Traité des animaux*, chap. 2, 1re partie.

(2) « Je ne puis comprendre, dit-il, ce qu'il (Buffon)

Il lui prouve enfin qu'elles ont de la mémoire, des idées, qu'elles comparent et jugent (1); mais dès qu'il passe à l'*instinct*, qu'il veut ramener à l'*intelligence* par l'*habitude,* il perd tous ses avantages. « L'instinct, dit-il, n'est rien, ou « c'est un commencement de connaissance » (2). Il y a dans cette proposition une double erreur : l'instinct est un fait, un fait primitif et qui ne peut être réduit en aucun autre, l'*instinct* est donc *quelque chose;* et pourtant ce n'est pas un *commencement de connaissance.* Ce n'est pas non plus une *habitude* (3), comme le veut Condillac, car l'*instinct* précède toute *habitude.*

« La réflexion, dit-il, veille à la naissance « des habitudes; mais à mesure qu'elle les for- « me, elle les abandonne à elles-mêmes... Par

« entend par la faculté de sentir qu'il accorde aux « bêtes, lui qui prétend, comme Descartes, expliquer « mécaniquement toutes leurs actions. » *Ibid.* On a vu plus haut que Descartes lui-même était tombé dans cette contradiction. C'est que, dans Descartes comme dans Buffon, le fait perce malgré le système.

(1) *Traité des animaux*, chap. 5, 1re partie.

(2) *Ibid.*, chap. 5, 2e partie.

(3) « L'instinct, dit-il, n'est que l'habitude privée de « réflexion. » *Ibid.*, chap. 5, 2e partie.

« là, ajoute-t-il, toutes les actions d'habitude « sont autant de choses soustraites à la ré« flexion » (1). Et tout cela est vrai ; mais, encore une fois, tout cela n'est vrai que des choses qui se rapportent à l'intelligence.

Il a donc tour à tour raison ou tort, selon qu'il parle de l'*instinct* ou de l'*intelligence*. Il a raison quand il dit : « Si les bêtes inventent « moins que nous, si elles perfectionnent moins, « ce n'est pas qu'elles manquent tout à fait d'in« telligence, c'est que leur intelligence est plus « bornée » (2). Mais il a tort quand il dit que c'est par une sorte d'*invention*, c'est-à-dire parce qu'il *compare*, parce qu'il *juge*, parce qu'il *découvre*, que le castor bâtit sa cabane ou que l'oiseau construit son nid (3). Et toute sa théorie sur les *facultés des animaux* est ainsi radicalement vicieuse, et vicieuse par cela seul qu'elle confond partout deux faits essentiellement distincts, l'*instinct* et l'*intelligence*.

---

(1) *Traité des animaux*, chap. 1, 2e partie.
(2) *Ibid.*, chap. 2, 2e partie.
(3) *Ibid.*

Là est aussi, quoique à un moindre degré, le vice de la théorie de G. Leroy, l'auteur ingénieux des *Lettres philosophiques sur les animaux*. G. Leroy confond, comme Condillac, l'*instinct* avec l'*intelligence*. Il s'agit de voir, dit-il dès son début, « comment, par l'action répétée de « la sensation et de l'exercice de la mémoire, « l'instinct des animaux s'élève jusqu'à l'intel- « ligence » (1). Presque partout il cherche l'origine des *instincts* particuliers des animaux dans quelque circonstance générale de leurs facultés ordinaires : dérivant l'industrie de la faiblesse (2), la sociabilité de la crainte (3), l'instinct de faire des provisions de la faim précédemment sentie (4); il va jusqu'à dire que les voyages des oiseaux « sont le fruit d'une instruc-

---

(1) *Lettres philosophiques sur l'intelligence et la perfectibilité des animaux*, page 5.

(2) Page 53. « On fait peut-être honneur à son industrie (il s'agit du lapin qui se creuse un terrier) de ce qui n'est dû qu'à sa faiblesse. »

(3) Page 64. « Les animaux qui paraissent vivre en société sont rassemblés par la crainte, etc. »..... Page 65 : « Tous les frugivores qui vivent en société parais- « sent uniquement rassemblés par la frayeur, etc. »

(4) Page 76.

« tion qui se perpétue de race en race » (1).

Or, la vérité est que les industries particulières des animaux, du castor qui se bâtit une cabane, du lapin qui se creuse un terrier, de l'oiseau qui se construit un nid, tiennent à des instincts primitifs et déterminés. La vérité est que c'est par instinct que certaines espèces sont sociables; que d'autres font des provisions; que d'autres, dans la classe des oiseaux, émigrent ou voyagent.

Mais, cette confusion d'un certain nombre de phénomènes de l'*instinct* avec les phénomènes de l'*intelligence* proprement dite une fois mise à part, l'ouvrage de G. Leroy reprend toute son importance. C'est l'étude la plus approfondie qui eût été faite encore des facultés intellectuelles des animaux. L'auteur y suit pas à pas le développement, et, si l'on peut ainsi dire, la génération de ces facultés. Il voit la sensation et la mémoire suffire à la plupart des actions des bêtes (2); l'expérience rectifier leurs jugements (3);

(1) *Lettres philosophiques*, etc., page 216.
(2) Page 5.
(3) Page 34.

l'attention et l'habitude de la réflexion étendre leur intelligence (1). Il montre l'éducation des jeunes animaux se fondant sur leur mémoire; il parcourt les anneaux successifs de cette chaîne qui conduit l'animal du besoin au désir, du désir à l'attention, et de l'attention à l'expérience (2); et il conclut enfin que « les animaux « réunissent, quoique à un degré très inférieur « à nous, tous les caractères de l'intelligence (3); « qu'ils sentent, puisqu'ils ont les signes évi« dents de la douleur et du plaisir; qu'ils se « ressouviennent, puisqu'ils évitent ce qui leur « a nui et recherchent ce qui leur a plu; qu'ils « comparent et jugent, puisqu'ils hésitent et « choisissent; qu'ils réfléchissent sur leurs ac« tes, puisque l'expérience les instruit et que « des expériences répétées rectifient leurs pre« miers jugements » (4).

Les animaux ont donc de l'intelligence. Mais

---

(1) *Lettres philosophiques*, etc. Page 36.
(2) Page 52.
(3) Page 258.
(4) Page 259.

quelle est la limite précise de cette intelligence? C'est là qu'est évidemment toute la difficulté. Or, cette limite n'est pas une; et l'on a fait ici, en prenant toutes les bêtes en masse, une confusion du même genre que celle que l'on a faite en ne voyant qu'un seul principe, tour à tour *mécanique* (1) ou *intelligent* (2), dans toutes leurs opérations *intellectuelles* et *instinctives*.

Je l'ai déjà dit, l'*instinct* est une force primitive et propre, comme la *sensibilité*, comme l'*irritabilité*, comme l'*intelligence*. Il y a de l'*instinct* jusque dans l'homme: c'est par un *instinct particulier* que l'enfant tette en venant au monde (3); mais, dans l'homme, presque tout se fait par *intelligence*, et l'*intelligence* y supplée à l'*instinct*. L'inverse a lieu pour les dernières classes : l'*instinct* leur a été accordé comme supplément de l'*intelligence*.

---

(1) *Mécanique :* Descartes, Buffon.

(2) *Intelligent :* Réaumur, Condillac, G. Leroy.

(3) J'ai vérifié sur des animaux ce fait connu, que les petits, rapprochés des mamelles, tettent, même avant d'être entièrement sortis du sein de leur mère.

Le premier pas à faire était donc de séparer l'*instinct* de l'*intelligence*; le second était de séparer, soit pour l'*intelligence*, soit pour les *instincts*, les classes et les espèces. Buffon a donné, comme nous avons vu, une première idée de cette échelle graduée des *facultés intérieures* des animaux. Or, plus on a observé, plus on a senti et mieux on a marqué tous ces degrés, presque infinis, qui placent le mammifère si fort au-dessus de l'oiseau, l'oiseau si fort au-dessus du reptile et du poisson, tous les animaux vertébrés si fort au-dessus des animaux sans vertèbres, et les différentes classes des animaux sans vertèbres à une si grande distance encore les unes des autres. Et ce n'est pas tout : il y a des degrés, il y a des limites pour les familles, pour les genres, pour les espèces, comme il y en a pour les classes. Parmi les mammifères, le chien, le cheval, l'éléphant, l'orang-outang, sont fort au-dessus de la brebis, du paresseux, et du castor même, malgré l'instinct singulier qui le distingue, mais qui n'est qu'un instinct. Il y a des oiseaux qui s'attachent à leur maître, qui reviennent à sa voix, qui imitent jusqu'à son langage. Tous les poissons ne sont pas également stupides, etc. Il y a donc partout des degrés, partout des limites; et ces deux grands faits dominent la question entière de l'*intelligence* des bêtes, l'un qui sépare l'*instinct* de l'*intelligence*, et l'autre qui, soit pour l'*intelligence*, soit pour les *instincts*, sépare les classes et les espèces.

II.

De l'instinct et de l'intelligence des animaux.

Frédéric Cuvier.

Pendant plus d'un siècle, depuis Descartes jusqu'à Buffon (1), la question de l'*intelligence des animaux* n'avait été, comme on vient de le

(1) C'est-à-dire, depuis le *Discours sur la méthode*, publié en 1637, jusqu'au *Discours sur la nature des animaux*, publié en 1753.

voir, qu'une question de pure métaphysique. C'est à Buffon, c'est à G. Leroy qu'elle commence à devenir une question positive et d'expérience. C'est ce qu'elle est surtout dans F. Cuvier.

On peut dire de F. Cuvier qu'il s'est dévoué à la recherche des faits. Mais il a voulu des faits nets, distincts, des faits séparés par des limites précises. Et ceci même nous fournit le trait le plus caractéristique de l'esprit qui a dirigé sa marche. Il a cherché des faits et des limites.

Il a cherché les limites qui séparent l'intelligence des différentes espèces, les limites qui séparent l'instinct de l'intelligence, les limites qui séparent l'intelligence de l'homme de celle des animaux. Et, ces trois limites posées, tout, dans la question si longtemps débattue de l'*intelligence des animaux*, a pris un nouvel aspect.

D'une part, Descartes et Buffon refusent aux animaux toute intelligence : c'est qu'il leur répugne, et avec raison, d'accorder aux animaux l'intelligence de l'homme; c'est qu'ils ne voient pas la limite qui sépare l'intelligence de l'homme de celle des animaux.

D'autre part, Condillac et G. Leroy accordent aux animaux jusqu'aux opérations intellectuelles les plus élevées : c'est qu'ils se fondent sur des actions qui, en effet, si elles appartenaient à l'intelligence, exigeraient ces opérations; c'est qu'ils ne voient pas la limite qui sépare l'instinct de l'intelligence.

Le premier résultat des observations de F. Cuvier marque les limites de l'intelligence dans les différents ordres des mammifères.

C'est dans les *rongeurs* que cette intelligence se montre au plus bas degré; elle est plus développée dans les *ruminants;* beaucoup plus dans les *pachydermes*, à la tête desquels il faut placer le *cheval* et l'*éléphant;* plus encore dans les *carnassiers*, à la tête desquels il faut placer le *chien*, et dans les *quadrumanes*, à la tête desquels se placent l'*orang-outang* et le *chimpanzé*.

Et ce fait de *l'intelligence graduée* des mammifères, que donne d'un côté l'observation directe, la physiologie et l'anatomie le confirment de l'autre : la physiologie, en montrant la partie du cerveau, siége spécial de l'intelligence dans les animaux; et l'anatomie, en montrant le développement graduel de cette partie, des *rongeurs* aux *ruminants*, et des *ruminants* aux *pachydermes*, aux *carnassiers* et aux *quadrumanes* (1).

Le *rongeur* (2) ne distingue pas individuellement l'homme qui le soigne de tout autre homme. Le *ruminant* distingue son maître; mais un simple changement d'habit suffit pour qu'il le méconnaisse. Un *bison* du Jardin-du-Roi avait pour son gardien la soumission la plus complète; ce gardien vint à changer d'habit, et le *bison*, ne le reconnaissant plus, se jeta sur lui. Le gardien reprit son habit ordinaire, et le *bison*

---

(1) Voyez mes *Recherches expérimentales sur les propriétés et les fonctions du système nerveux*. Paris, 1824.

(2) C'est-à-dire la *marmotte*, le *castor*, l'*écureuil*, le *lièvre*, etc.

le reconnut. Deux *béliers*, accoutumés à vivre ensemble, sont-ils tondus, on les voit aussitôt se précipiter l'un sur l'autre avec fureur.

On connaît l'intelligence de l'*éléphant*, du *cheval*, parmi les *pachydermes*. F. Cuvier pense que le *cochon*, malgré ses appétits grossiers, n'est peut-être pas très inférieur à l'éléphant pour l'intelligence ; il a vu un *pécari* aussi docile, aussi familier que le chien le plus soumis. Le *sanglier* s'apprivoise facilement ; il reconnait celui qui le soigne, il lui obéit ; il se prête à des exercices.

C'est enfin dans les *carnassiers* et les *quadrumanes* que paraît le plus haut degré de l'intelligence parmi les bêtes. Et, de tous les animaux, l'*orang-outang* est, selon toute apparence, celui qui en a le plus.

Le jeune *orang-outang*, étudié par F. Cuvier, n'était âgé que de 15 à 16 mois ; il avait besoin de société ; il s'attachait aux personnes qui le soignaient ; il aimait les caresses, donnait de véritables baisers, boudait lorsqu'on ne lui cédait pas, et témoignait sa colère par des cris et en se roulant par terre.

Voici quelques-uns des faits observés par F.

Cuvier. Son jeune *orang-outang* se plaisait à grimper sur les arbres et à s'y tenir perché. On fit un jour semblant de vouloir monter à l'un de ces arbres pour aller l'y prendre, mais aussitôt il se mit à secouer l'arbre de toutes ses forces pour effrayer la personne qui s'approchait; cette personne s'éloigna, et il s'arrêta; elle se rapprocha, et il se mit de nouveau à secouer l'arbre. « De quelque manière, dit F. « Cuvier, que l'on envisage l'action qui vient « d'être rapportée, il ne sera guère possible de « n'y pas voir le résultat d'une combinaison d'i- « dées, et de ne pas reconnaître dans l'animal « qui en est capable la faculté de généraliser. » En effet, l'orang-outang concluait évidemment, ici, de lui aux autres: plus d'une fois l'agitation violente des corps sur lesquels il s'était trouvé placé l'avait effrayé; il concluait donc de la crainte qu'il avait éprouvée à la crainte qu'éprouveraient les autres; ou, en d'autres termes, et comme le dit F. Cuvier, « d'une circons- « tance particulière il se faisait une règle générale. »

G. Leroy avait déjà dit : « Dès que le *loup* « paraît, il est poursuivi; l'attroupement et l'é-

« meute lui annoncent combien il est craint, « et tout ce que lui-même il doit craindre. Aussi « toutes les fois que l'odeur de l'homme vient « frapper son nez, elle réveille en lui les idées « du danger. La proie la plus séduisante lui est « inutilement présentée tant qu'elle a cet acces- « soire effrayant; et même, lorsqu'elle ne l'a « plus, elle lui reste longtemps suspecte. Le *loup*, « continue-t-il, ne peut avoir alors qu'une idée « abstraite du péril, puisqu'il n'a pas la con- « naissance particulière des piéges qu'on lui « tend » (1). Mais je reviens à l'*orang-outang*. Pour ouvrir la porte de la pièce dans laquelle on le tenait, il était obligé, vu sa petite taille (2), de monter sur une chaise placée près de cette porte. On eut l'idée d'éloigner cette chaise; l'orang-outang fut en chercher une autre, qu'il mit à la place de la première, et sur laquelle il monta, de même, pour ouvrir la porte. Enfin, lorsqu'on refusait à cet *orang-outang* ce

---

(1) *Lettres philosophiques sur l'intelligence et la perfectibilité des animaux*, etc., page 18.

(2) De deux pieds et demi à peu près.

qu'il désirait vivement, comme il n'osait s'en prendre à la personne qui ne lui cédait pas, il s'en prenait à lui-même, et se frappait la tête sur la terre; il se faisait du mal pour inspirer plus d'intérêt et de compassion. C'est ce que fait l'homme lui-même lorsqu'il est enfant, et ce qu'aucun animal ne fait, si l'on excepte l'*orang-outang*, et l'*orang-outang* seul entre tous les autres.

Mais voici quelque chose de plus remarquable encore.

C'est que l'intelligence de l'*orang-outang*, cette intelligence si développée, et développée de si bonne heure, décroît avec l'âge. L'*orang-outang*, lorsqu'il est jeune, nous étonne par sa pénétration, par sa ruse, par son adresse; l'*orang-outang*, devenu adulte, n'est plus qu'un animal grossier, brutal, intraitable. Et il en est de tous les *singes* comme de l'*orang-outang*. Dans tous, l'intelligence décroît à mesure que les forces s'accroissent. L'animal, considéré comme être perfectible, a donc sa borne marquée non-seulement comme espèce, il l'a comme individu. L'animal qui a le plus d'intelligence, n'a toute cette intelligence que dans le jeune âge.

Après avoir posé les limites qui séparent l'intelligence des différentes espèces, F. Cuvier cherche la limite qui sépare l'*instinct* de l'*intelligence*. Ici, c'est particulièrement sur le castor que ses observations portent.

Le castor est un mammifère de l'ordre des *rongeurs*, c'est-à-dire, de l'ordre même qui a le moins d'intelligence, ainsi que nous avons vu; mais il a un instinct merveilleux, celui de se construire une cabane, de la bâtir dans l'eau, de faire des chaussées, d'établir des digues, et tout cela avec une industrie qui supposerait, en effet, une intelligence très élevée dans cet animal, si cette industrie dépendait de l'intelligence.

Le point essentiel était donc de prouver qu'elle n'en dépend pas; et c'est ce qu'a fait F. Cuvier. Il a pris des castors très jeunes, et ces castors, élevés loin de leurs parents, et qui par conséquent n'en ont rien appris; ces castors, isolés, solitaires; ces castors, qu'on avait placés dans une cage, tout exprès pour qu'ils n'eussent pas besoin de bâtir; ces castors ont bâti, poussés par une force machinale et aveugle, en un mot, par un pur instinct.

L'opposition la plus complète sépare l'*instinct* de l'*intelligence*.

Tout, dans l'*instinct*, est aveugle, nécessaire et invariable; tout, dans l'*intelligence*, est électif, conditionnel et modifiable.

Le castor qui se bâtit une cabane, l'oiseau qui se construit un nid, n'agissent que par *instinct*.

Le chien, le cheval, qui apprennent jusqu'à la signification de plusieurs de nos mots et qui nous obéissent, font cela par *intelligence*.

Tout, dans l'*instinct*, est inné : le castor bâtit sans l'avoir appris; tout y est fatal : le castor bâtit, maîtrisé par une force constante et irrésistible.

Tout, dans l'*intelligence*, résulte de l'expérience et de l'instruction : le chien n'obéit que parce qu'il l'a appris; tout y est libre : le chien n'obéit que parce qu'il le veut.

Enfin, tout, dans l'*instinct*, est particulier : cette industrie si admirable que le castor met à bâtir sa cabane, il ne peut l'employer qu'à bâtir sa cabane; et tout, dans l'*intelligence*, est général : car cette même flexibilité d'attention et de conception que le chien met à obéir, il pourrait s'en servir pour faire toute autre chose.

Il y a donc, dans les animaux, deux forces distinctes et primitives : l'*instinct* et l'*intelligence*. Tant que ces deux forces restaient confondues, tout, dans les actions des animaux, était obscur et contradictoire. Parmi ces actions, les unes montraient l'homme partout supérieur à la brute, et les autres semblaient faire passer la supériorité du côté de la brute. Contradiction aussi déplorable qu'absurde! Par la distinction qui sépare les actions aveugles et nécessaires des actions électives et conditionnelles, ou, en un seul mot, l'*instinct* de l'*intelligence*, toute contradiction cesse, la clarté succède à la confusion : tout ce qui, dans les animaux, est *intelligence*, n'y approche, sous aucun rapport, de l'intelligence de l'homme; et tout ce qui, passant pour *intelligence*, y paraissait supérieur à l'intelligence de l'homme, n'y est que l'effet d'une force machinale et aveugle.

Il ne reste plus à poser que la limite même

qui sépare l'intelligence de l'homme de celle des animaux.

Ici les idées de F. Cuvier s'élèvent; et, tout en s'élevant, n'en paraissent pas moins sûres.

Les animaux reçoivent par leurs sens des impressions semblables à celles que nous recevons par les nôtres; ils conservent, comme nous, la trace de ces impressions; ces impressions conservées forment, dans leur intelligence comme dans la nôtre, des associations nombreuses et variées; ils les combinent, ils en tirent des rapports, ils en déduisent des jugements; ils ont donc de l'intelligence.

Mais toute leur intelligence se réduit là. Cette intelligence qu'ils ont ne se considère pas elle-même, ne se voit pas, ne se connaît pas. Ils n'ont pas la *réflexion*, cette faculté suprême qu'a l'esprit de l'homme de se replier sur lui-même, et d'étudier l'esprit.

La *réflexion*, ainsi définie, est donc la limite qui sépare l'intelligence de l'homme de celle des animaux. Et l'on ne peut disconvenir, en effet, qu'il n'y ait là une ligne de démarcation profonde. Cette pensée qui se considère elle-même, cette intelligence qui se voit et qui s'étudie, cette connaissance qui se connaît, forment évidemment un ordre de phénomènes déterminés, d'une nature tranchée, et auxquels nul animal ne saurait atteindre. C'est là, si l'on peut ainsi dire, le monde purement intellectuel, et ce monde n'appartient qu'à l'homme. En un mot, les animaux sentent, connaissent, pensent; mais l'homme est le seul de tous les êtres créés à qui ce pouvoir ait été donné de sentir qu'il sent, de connaître qu'il connaît, et de penser qu'il pense.

III.

De quelques erreurs particulières redressées par Frédéric Cuvier.

On avait beaucoup exagéré, comme on sait, l'influence des sens sur l'intelligence. Helvétius va jusqu'à dire que l'homme ne doit qu'à ses mains sa supériorité sur les bêtes. F. Cuvier montre, par l'exemple du *phoque*, que, même dans les animaux, ce n'est pas des *sens extérieurs*, mais d'un organe beaucoup plus profond, beaucoup plus interne, mais du *cerveau*, que dépend le développement de l'intelligence. Le *phoque* n'a que des sens très imparfaits (la vue, le goût, l'odorat, l'ouïe); il n'a que des nageoires au lieu de mains; et cependant il a, relativement aux autres mammifères, une intelligence très étendue (1).

On sait tout ce que Buffon a dit de la magnanimité du *lion*, de sa fierté, de son courage, et de la violence du *tigre*, de son insatiable cruauté, de sa férocité aveugle. Malgré tout ce que Buffon a dit, F. Cuvier a toujours vu dans ces deux animaux le même caractère: tous deux également susceptibles d'affection, de reconnaissance, et tous deux également terribles dans leur fureur.

Helvétius, philosophe, cherche un principe, et il y arrive par une généralisation forcée; Buf-

(1) C'est qu'il est aussi l'un des mammifères dont le cerveau est le plus développé.

fon, écrivain, peint, dans les animaux, toutes les nuances des passions des hommes. L'observation nue de F. Cuvier donne le fait tel qu'il est, et pose les seules bases solides de la science.

On suppose communément aux animaux *carnassiers* un caractère moins doux, moins traitable, moins affectueux, qu'aux animaux herbivores. Les observations de F. Cuvier montrent que tous les *ruminants* adultes, surtout les mâles, sont des animaux grossiers, farouches, qu'aucun bienfait ne captive, reconnaissant à peine celui qui les nourrit, ne s'attachant point à lui, et toujours prêts à le frapper, dès qu'il cesse de les intimider. Le *tigre*, le *lion*, l'*hyène*, etc., sont, au contraire, sensibles aux bienfaits; ils reconnaissent celui qui les soigne; ils s'attachent à lui d'une affection sûre. « Cent « fois, dit F. Cuvier, l'apparente douceur d'un « herbivore a été suivie d'un acte de brutalité; « presque jamais les signes extérieurs d'un ani- « mal carnassier n'ont été trompeurs : s'il est « disposé à nuire, tout dans son regard et dans

« son geste l'annonce; et il en est de même si « c'est un bon sentiment qui l'anime. » Les animaux herbivores, quand ils ont la force, sont donc, au fond, d'une nature plus intraitable que les carnivores; c'est qu'en effet leur intelligence est beaucoup plus grossière, beaucoup plus bornée, et que partout, même dans les animaux, comme le dit F. Cuvier, « le déve« loppement de cette faculté est plus favorable « que nuisible aux bons sentiments. »

IV.

De la liberté. — De l'instinct et de l'habitude. Développement inverse de l'instinct et de l'intelligence dans les espèces.

De la liberté.

Je l'ai déjà dit dans le premier article de ce *Résumé :* les animaux font plusieurs choses indépendamment des besoins présents, et par la seule *prévoyance* des suites. Or, ils ne *prévoient* qu'en conséquence des impressions éprouvées;

ils *réfléchissent* donc jusqu'à un certain point sur ces impressions ; ils ont donc une certaine espèce de *réflexion*. Mais ils n'ont pas la *réflexion* que nous avons définie l'*action de l'esprit sur l'esprit*. Ils *pensent* sans savoir qu'ils *pensent*. Les actes de leur esprit sont, sans avoir la connaissance qu'ils sont ; et c'est cette connaissance seule des actes de l'esprit par l'esprit qui constitue la *réflexion*.

Il en est de la *liberté* comme de la *réflexion*.

Mallebranche a défini la *liberté* par l'*intelligence*, et avec grande raison : la *liberté* n'est que l'*intelligence* qui juge, qui délibère, qui choisit ; et, par conséquent, il y a autant de degrés pour la *liberté* qu'il y en a pour l'*intelligence*.

F. Cuvier dit très bien que certains animaux sont *libres* par rapport à d'autres : « Les *quadrumanes* et les *carnassiers*, dit-il, sont en « quelque sorte des animaux libres en comparaison des insectes. »

La *liberté* n'est donc qu'une conséquence donnée de *l'intelligence*.

Les animaux ont donc un certain degré, une

certaine espèce de *liberté*, comme ils ont une certaine espèce de *réflexion*.

De l'instinct et de l'habitude.

Il manquerait quelque chose à mon exposition des idées de F. Cuvier sur les phénomènes de l'*instinct*, si je ne disais un mot de la comparaison qu'il en a faite avec les phénomènes de l'*habitude*. L'*habitude* d'une action consiste en ce que l'*acte corporel* par lequel s'opère cette action finit par se reproduire sans le concours de l'*acte intellectuel* qui, primitivement, était nécessaire. Il semble donc que, par l'*habitude*, il s'établisse entre nos organes, d'une part, et, de l'autre, nos penchants, nos besoins, nos appétits, nos idées, une dépendance immédiate, et telle que l'intermédiaire de notre esprit devienne inutile. « Or, dit F. Cuvier, si cette dépendance pouvait exister naturellement, les phénomènes de l'*instinct* seraient expliqués. » La nature aurait établi primitivement, *entre nos organes et nos besoins*, cette même relation qu'établit plus tard l'*habitude*. « Ces deux ordres de « phénomènes, ajoute-t-il, pourraient tellement

« se confondre, qu'on ferait en quelque sorte de « l'instinct avec de l'habitude, si ce n'est de « l'habitude avec de l'instinct : une personne « qui se serait exercée, dès son enfance, à ra- « masser et à cacher tout ce qui lui reste de ses « repas, finirait par le faire aussi machinale- « ment et aussi inutilement que le chien domes- « tique ; et la comparaison du tisserand et de « l'araignée est bien plus exacte et plus juste « qu'on n'a pu le penser. »

Nous avons vu, dans notre premier article, que Condillac a voulu rattacher aussi les phénomènes de l'*instinct* aux phénomènes de l'*habitude*. Pour lui, l'*instinct* n'est que l'*habitude* privée de réflexion. Sa distinction entre le *moi d'habitude* et le *moi de réflexion* est ingénieuse. « Lorsqu'un géomètre, dit-il, est fort occupé « de la solution d'un problème, les objets con- « tinuent encore d'agir sur ses sens. Le *moi d'ha-* « *bitude* obéit donc à leurs impressions : c'est « lui qui traverse Paris, qui évite les embarras, « tandis que le *moi de réflexion* est tout entier à « la solution qu'il cherche » (1).

---

(1) *Traité des animaux*, 2e partie, chap. 5.

Mais une différence profonde entre Condillac et F. Cuvier, c'est que Condillac ne se sert de l'*habitude* que pour ramener l'*instinct* à l'*intelligence;* c'est qu'il veut que l'*instinct* soit un *commencement de connaissance*. F. Cuvier montre, au contraire, que toute action instinctive est essentiellement dépourvue d'intelligence et de connaissance. En un mot, Condillac compare l'*instinct* et l'*habitude* par leur origine, qu'il croit commune (1); et F. Cuvier les compare, malgré leur diversité d'origine, et par cela seul que, l'*habitude* une fois acquise, tout s'y passe comme dans l'*instinct*, c'est-à-dire sans *intelligence* (2).

---

(1) Condillac dit non-seulement que « *l'instinct* « n'est que l'*habitude* privée de *réflexion*, » mais il veut expliquer par là comment les bêtes « n'ayant que « peu de besoins, et répétant tous les jours les mêmes « choses, doivent n'avoir enfin que des habitudes, et « être bornées à l'instinct. » *Ibid.*

(2) On peut douter, il est vrai, que toute *intelligence* soit exclue de l'*habitude;* mais alors, et F. Cuvier a grand soin d'en avertir, l'analogie cesse. Encore une fois, il ne compare l'*instinct* à l'*habitude* que

Développement inverse de l'instinct et de l'intelligence dans les espèces.

Nous l'avons déjà vu, tout est opposé entre l'*instinct* et l'*intelligence*. L'enfant tette en venant au monde, sans l'avoir appris, sans avoir pu l'apprendre, par une force aveugle, par un pur *instinct*. C'est par *instinct* que le chien enfouit dans la terre les restes de son repas, que le lapin se creuse un terrier, etc. Toutes ces actions sont aveugles, nécessaires; et, dans ce qu'elles ont d'essentiel, elles sont toutes invariables.

Le chien, qui obéit au lieu de fuir quand on le menace, fait une action intellectuelle; car il ne la ferait pas s'il ne l'avait pas apprise; car la moindre circonstance pourrait le détourner de la faire; car il pourrait la faire de plusieurs manières très différentes.

Or, les caractères opposés de l'*instinct* et de l'*intelligence* ainsi établis, on voit les *actions ins-*

---

parce que, à ses yeux, l'*habitude* est, comme l'*instinct*, dépourvue de connaissance.

tinctives se compliquer de plus en plus, à mesure que l'on descend des classes supérieures aux inférieures. L'*action instinctive* du chien, celle d'enfouir les restes de son repas, n'est qu'un acte isolé de prévoyance; rien n'est plus compliqué, au contraire, que l'*action instinctive* de l'abeille, de l'araignée, de la fourmi, etc.

D'une part donc, tout est opposé dans les caractères de l'*instinct* et de l'*intelligence;* et, d'autre part, l'*instinct* croît à mesure que l'*intelligence* décroît d'une classe à l'autre, ce qui est encore une opposition.

V.

De la domesticité des animaux.

❀

Un des résultats les plus importants des travaux de F. Cuvier, est celui qui concerne la *domesticité des animaux*.

Jusqu'à lui, la *domesticité des animaux* n'avait guère occupé les naturalistes; ils n'y voyaient qu'un effet de la puissance de l'homme sur les bêtes. C'était l'opinion ancienne, l'opinion commune; et Buffon lui-même n'en a point eu d'autre. « L'homme, dit-il, change l'état natu-« rel des animaux, en les forçant à lui obéir, et « les faisant servir à son usage » (1). Tout, dans la *domesticité des animaux*, est donc artificiel; tout tient donc à l'homme. Mais, s'il en est ainsi, pourquoi certaines espèces sont-elles devenues domestiques, et ces espèces seules, au milieu de tant d'autres demeurées sauvages?

La question n'est donc pas aussi simple qu'on l'avait cru. A côté des espèces devenues domestiques, il y a les espèces demeurées sauvages. La puissance de l'homme, cause générale, ne suffit donc pas pour expliquer la *domesticité des bêtes*, laquelle n'est, en effet, qu'un cas très particulier; le fait est spécial, il a donc une cause propre, et c'est cette cause qu'il fallait chercher. Tout ici appartient à F. Cuvier; il est non-seulement le premier qui ait posé la question, le premier qui l'ait résolue, il est le premier qui ait vu que, dans le fait de la *domesti-*

---

(1) *Les animaux domestiques*, tome VII, page 241.

cité des bêtes, il pouvait y avoir matière à une question.

Pour lui, la *domesticité* des animaux naît de leur *sociabilité*. Il n'est pas une seule espèce devenue *domestique* qui, naturellement, ne vive en *société;* et, de tant d'espèces *solitaires* que l'homme n'aurait pas eu moins d'intérêt sans doute à s'associer, il n'en est pas une seule qui soit devenue *domestique*.

La *sociabilité* des animaux devient donc ainsi le premier fait; et, ce fait même demandait un examen nouveau. Buffon en avait à peine effleuré l'étude. Il distingue d'abord, et c'est une vue pleine de justesse, trois espèces de sociétés : celles que forment les animaux inférieurs, comme les *abeilles;* celles que forment les animaux d'un ordre plus élevé, comme les *castors*, les *éléphants*, les *singes*, etc. ; et celles que forme l'espèce humaine. Mais il ne voit dans les premières qu'un *assemblage physique;* les secondes lui paraissent dépendre du *choix de ceux qui les composent;* et les troisièmes ne dépendent que de la *raison*. « Cette réunion, dit-il à propos de celles-ci, est

« de l'homme l'ouvrage le meilleur, et de sa « raison l'usage le plus sage » (1). Ces trois espèces de sociétés ont pourtant une source commune; et toutes, jusqu'à celles que l'homme forme, ne sont, du moins dans leur origine, que l'effet d'un instinct primitif et déterminé.

Une force secrète et primordiale pousse invinciblement les hommes à se réunir. Cet instinct précède, chez l'homme, toute réflexion; il domine jusqu'aux peuples les plus sauvages; et l'idée que l'homme de la nature vit solitaire n'a jamais été qu'un paradoxe de philosophie, partout contredit par l'observation.

Cet instinct, qui gouverne le genre humain, est aussi la première cause des sociétés que forment certaines espèces parmi les animaux; et,

---

(1) *Discours sur la nature des animaux*, tome VII, pages 133-35 et 37.

pour ces espèces comme pour nous, il est primitif. Il ne dépend ni de l'intelligence, car la *brebis* stupide vit en société (1), et le *lion*, l'*ours*, le *renard*, etc., vivent solitaires; ni de l'habitude, car le long séjour des petits auprès des parents ne l'amène pas. L'*ours* soigne ses petits aussi longtemps et avec autant de tendresse que le *chien*, et cependant l'*ours* est au nombre des animaux les plus solitaires. Il y a plus : cet instinct survit, lors même qu'il n'est pas exercé. F. Cuvier a élevé de jeunes *chiens* avec des *loups* très féroces, et le penchant à la sociabilité a toujours reparu dans le *chien*, dès qu'il a été rendu à la liberté.

G. Leroy, dont on connaît la profonde sagacité et la longue expérience, avait déjà fait, sur les sociétés des animaux, des remarques aussi fines que curieuses. Il voit le premier degré de ces sociétés dans l'union du *loup* et de la *louve* « qui partagent ensemble les soins de la fa-

(1) Les insectes forment les sociétés les plus remarquables et les plus nombreuses.

mille » (1). Le *chevreuil* et sa femelle « ont, dit-il, un besoin de s'aimer indépendant de tout autre » (2). Enfin, le *lapin* lui offre une société qui ne se borne plus à une seule famille, qui s'étend à plusieurs familles, ou plutôt « à tous les êtres de l'espèce qui ont des rapports de voisinage » (3).

A ne considérer ici que la classe des mammifères, la seule en effet sur laquelle portent les observations de F. Cuvier, on peut donc reconnaître trois états distincts : celui des espèces solitaires, les *chats*, les *martes*, les *ours*, les *hyènes*, etc. ; celui des espèces qui vivent en famille, les *loups*, les *chevreuils*, etc. ; et celui des espèces qui forment de véritables sociétés, les *castors*, les *éléphants*, les *singes*, les *chiens*, les *phoques*, etc.

C'est à l'étude de ces sociétés que s'attache

---

(1) *Lettres philosophiques sur l'intelligence et la perfectibilité des animaux*, page 24.
(2) *Ibid.*, page 49.
(3) *Ibid.*, page 50.

F. Cuvier. Ici l'union subsiste, quoique les intérêts diffèrent. Des centaines d'individus de tout sexe et de tout âge se rapprochent, s'entendent, se subordonnent. « C'est alors, dit F. Cu-
« vier, que l'instinct social se montre dans toute
« son étendue, avec toute son influence, et qu'il
« peut être comparé à celui qui détermine les
« sociétés humaines. » F. Cuvier suit les progrès de l'animal qui naît au milieu de sa troupe, qui s'y développe, qui, à chaque époque de sa vie, apprend de tout ce qui l'entoure à mettre sa nouvelle existence en harmonie avec les anciennes. Il montre, dans la faiblesse des jeunes, le principe de leur obéissance pour les anciens qui ont déjà la force; et dans l'habitude, qui, comme il le dit, est une *espèce particulière de conscience*, la raison pour laquelle le pouvoir reste au plus âgé quoiqu'il devienne à son tour le plus faible. Toutes les fois que la société est sous la conduite d'un chef, ce chef est presque toujours en effet le plus âgé de la troupe. Je dis presque toujours, car l'ordre établi peut être troublé par des passions violentes. Alors, l'autorité passe à un autre; et, après avoir de nou-

veau commencé par la force, elle se conserve ensuite, de même, par l'habitude.

Il y a donc, dans la classe des mammifères, des espèces qui forment de véritables sociétés; et c'est de ces espèces seules que l'homme tire tous ses animaux domestiques.

Le *cheval*, devenu par la domesticité l'associé de l'homme, l'est naturellement de tous les animaux de son espèce. Les chevaux sauvages vont par troupes; ils ont un chef qui marche à leur tête, qu'ils suivent avec confiance, qui leur donne le signal de la fuite ou du combat. Ils se réunissent ainsi par instinct; et telle est la force de cet instinct, que le cheval domestique qui voit une troupe de chevaux sauvages, et qui la voit pour la première fois, abandonne souvent son maître pour aller se joindre à cette troupe, laquelle, de son côté, s'approche et l'appelle.

Le *mouton*, que nous avons élevé, nous suit; mais il suit également le troupeau au milieu duquel il est né. Il ne voit dans l'homme, pour me servir d'une expression ingénieuse de F. Cuvier, que le *chef de sa troupe*. Et ceci même est la base de la théorie nouvelle. L'homme n'est, pour les animaux domestiques, qu'un membre de la société : tout son art se réduit à se faire accepter par eux comme associé ; car, une fois devenu leur associé, il devient bientôt leur chef, leur étant aussi supérieur qu'il l'est par l'intelligence. Il ne change donc pas l'*état naturel* de ces animaux, comme le dit Buffon; il profite, au contraire, de cet *état naturel*. En d'autres termes, il avait trouvé les animaux *sociables*, il les rend *domestiques* en devenant leur associé, leur chef; et la *domesticité* n'est ainsi qu'un cas particulier, qu'une simple modification, qu'une conséquence déterminée de la *sociabilité*.

Tous nos animaux domestiques sont, de leur nature, des animaux sociables. Le *bœuf*, la *chèvre*, le *cochon*, le *chien*, le *lapin*, etc., vivent naturellement en société et par troupes. Le *chat* semble, au premier coup d'œil, faire une exception ; car l'espèce du chat est solitaire, comme je l'ai déjà dit. Mais le *chat* est-il réellement domestique? Il vit auprès de nous; mais s'associe-t-il à nous ? Il reçoit nos bienfaits ; mais nous rend-il, en échange, la soumission, la docilité, les services des espèces vraiment domestiques? Le temps, les soins, l'habitude ne peuvent donc rien sans une nature primitivement sociable; et, comme on le voit, l'exemple même du *chat* en est la preuve la plus formelle. Buffon reconnaît que, « quoique habitants de nos maisons, les chats ne sont pas entièrement domestiques, et que les mieux apprivoisés n'en sont pas plus asservis » (1). Et dans l'opposition de ces deux mots, *apprivoisés* et *asservis*, il y a le germe d'une vérité profonde. L'homme peut, en effet, apprivoiser jusqu'aux espèces les plus solitaires et les plus féroces. Il apprivoise l'*ours*, le *lion*, le *tigre*. Les anciens, qui faisaient plus pour un vain luxe que nous ne faisons pour la science, ont vu des chars traînés par des *tigres* et des *panthères*. On voit tous les jours des *ours* qui obéissent à leur maître, qui se plient à des exercices. Et cependant aucune espèce solitaire, quelque facile qu'elle soit à apprivoiser, n'a jamais donné de race domestique.

---

(1) *Histoire du chat*, tome XI, page 9.

C'est qu'une habitude n'est pas un instinct. C'est par habitude qu'un animal s'apprivoise, et c'est par instinct qu'il est sociable. Si l'on sépare une *vache*, une *chèvre*, une *brebis* de leur troupeau, ces animaux dépérissent; et ce dépérissement même est une nouvelle preuve du besoin qu'ils ont de vivre en société. F. Cuvier rapporte un fait qui montre bien toute la différence qu'il y a entre un animal qui n'a que l'*habitude* de la société, et un animal qui en a l'*instinct*. « Une *lionne* avait perdu, dit-il, le *chien* « avec lequel elle avait été élevée, et pour offrir « toujours le même spectacle au public, on lui « en donna un autre qu'aussitôt elle adopta. Elle « n'avait pas paru souffrir de la perte de son « compagnon; l'affection qu'elle avait pour lui « était très faible; elle le supportait, elle sup- « porta de même le second. Cette *lionne* mourut « à son tour; alors le *chien* nous offrit un tout « autre spectacle : il refusa de quitter la loge « qu'il avait habitée avec elle; sa tristesse s'ac- « crut de plus en plus; le troisième jour il ne « voulut plus manger, et il mourut le sep- « tième. »

Plus on étudie la question, plus on voit donc la domesticité naître de la sociabilité. L'homme n'a, pour agir sur les animaux, qu'un petit nombre de moyens. Or, il était curieux de suivre comparativement les effets de ces moyens sur les animaux *solitaires* et sur les animaux *sociables*; et c'est ce qu'a fait F. Cuvier.

La faim est le premier de ces moyens, et l'un des plus puissants. C'est par la faim que l'on soumet les jeunes chevaux élevés dans l'indépendance. On ne leur donne que peu d'aliments à la fois, et à de longs intervalles. L'animal prend ainsi de l'affection pour celui qui le soigne; et si l'on ajoute à propos quelque nourriture choisie, cette affection s'accroît beaucoup, et par suite l'autorité de l'homme. « C'est, dit « F. Cuvier, au moyen de véritables friandises, « surtout du sucre, qu'on parvient à maîtriser « les animaux herbivores, et à les soumettre à « ces excercices extraordinaires dont nos cir- « ques nous rendent quelquefois les témoins. »

La veille forcée est un moyen plus puissant encore que la faim. Nul autre n'abat plus l'énergie de l'animal, et par conséquent ne le dispose plus sûrement à l'obéissance. On obtient cette veille forcée par la faim même poussée très loin, par des coups de fouet, par un bruit retentissant, tel que celui du tambour ou de la trompette; et, à l'occasion de l'effet du bruit sur les animaux, F. Cuvier a fait une remarque très curieuse. C'est que plusieurs animaux ne distinguent jamais la cause des modifications qu'ils éprouvent par les sons. Qu'un étalon, qu'un taureau se sentent frappés, c'est à la personne qui a porté le coup qu'ils s'en prennent. Le sanglier se jette sur le chasseur dont la balle l'a blessé. Et ces mêmes animaux, quelque expérience qu'ils aient du bruit qui les fait souffrir, n'en rapportent jamais la cause, ni à l'instrument qui le produit, ni à la personne qui emploie cet instrument; ils souffrent passivement, comme s'ils éprouvaient un mal intérieur : phénomène singulier, que F. Cuvier attribue à la nature particulière des sensations de l'ouïe, et qui mériterait bien d'être suivi.

Par la faim, par la veille forcée, l'homme excite les besoins de l'animal; mais il ne les excite que pour les satisfaire. Ce n'est, en effet, que là où le bienfait commence de notre part, que commence réellement notre empire. Aussi, l'homme ne se borne-t-il pas à satisfaire les besoins naturels, il fait naître des besoins nouveaux. Par l'emploi d'une nourriture choisie, il fait naître un plaisir, et par suite un besoin nouveau. Un besoin plus nouveau, plus artificiel encore, est celui des caresses. Le cheval, l'éléphant, etc., reçoivent nos caresses comme un bienfait; le chat met quelquefois de la passion à les rechercher. C'est sur le chien qu'elles agissent avec le plus de force; et, ce qui mérite attention, c'est que toutes les espèces du genre chien y sont presque également sensibles. « La « ménagerie du roi, dit F. Cuvier, a possédé « une louve sur laquelle les caresses de la main « et de la voix produisaient un effet si puissant « qu'elle semblait éprouver un véritable délire, « et sa joie ne s'exprimait pas avec moins de vi- « vacité par ses cris que par ses mouvemens. Un « chacal du Sénégal était dans le même cas, et « un renard commun en était si fort ému, qu'on « fut obligé de s'abstenir à son égard de tous « témoignages de ce genre, par la crainte « qu'ils n'amenassent pour lui un résultat fâ- « cheux. »

L'homme n'arrive donc à soumettre l'animal que par adresse, par séduction. Il excite les besoins de l'animal pour se donner, si l'on peut ainsi dire, le mérite de les satisfaire; il fait naître des besoins nouveaux; il se rend peu à peu nécessaire par ses bienfaits; et quand il en est venu là, il emploie la contrainte et les châtiments : mais il ne les emploie qu'alors, car s'il eût commencé par les châtiments, il n'aurait pas amené la confiance; et il ne les emploie qu'avec mesure, car les deux effets les plus sûrs de toute violence sont la révolte et la haine.

« L'homme, dit F. Cuvier, n'a autre chose à « soumettre dans l'animal, que la volonté. » Et, comme on vient de le voir, l'homme n'agit sur la volonté que par les besoins : il excite ces besoins; il en fait naître de nouveaux; il supprime enfin la source de quelques-uns par la castration. Le taureau, le bélier, par exemple, ne se soumettent complétement qu'après leur mutilation.

Tels sont les moyens employés par l'homme. Or, ces moyens qui, appliqués à un animal *sociable*, en font un animal *domestique*, ne font qu'un animal *apprivoisé* d'un animal *solitaire;*

la véritable et primitive source de la *domesticité* n'est donc, encore une fois, que dans l'*instinct sociable*.

Nous avons déjà rendu plusieurs animaux domestiques; mais, sans aucun doute, beaucoup d'autres pourraient le devenir encore. Sans parler des *singes*, que la violence, que la mobilité, que la pétulance de leur caractère rendent incapables de toute soumission, et qu'il faut par conséquent exclure, malgré leur intelligence et leur instinct sociable; ni des *didelphes*, des *édentés*, des *rongeurs*, dont l'intelligence est trop bornée pour que l'homme pût en tirer de grands avantages, presque tous les *pachydermes* qui ne sont pas encore domestiques pourraient le devenir, nommément le *tapir* : plus grand, plus docile que le *sanglier*, il nous donnerait des races domestiques supérieures peut-être à celle du *cochon*. Les peuples pêcheurs pourraient dresser le *phoque* à la pêche; nous-mêmes nous devrions ne pas négliger l'éducation du *zèbre*, du *couagga*, du *daw*, de l'*hémione*, ces belles espèces de solipèdes, de l'*alpaca*, de la *vigogne*, ces espèces de ruminants à pelage si riche et beaucoup plus fin que la laine.

Le *sociabilité*, qui donne la *domesticité*, marque donc, parmi les espèces sauvages, celles qui pourraient devenir encore domestiques. Mais l'*instinct sociable*, s'il agissait seul, ne donnerait peut-être que l'*individu domestique;* un second fait vient le renforcer, et donne la *race;* et ce second fait est la *transmission*, d'une génération à une autre, des *modifications acquises* par une première : fait d'un ordre très général, dont F. Cuvier s'est beaucoup occupé, et sur lequel je reviendrai plus loin (1).

Ainsi l'*instinct sociable*, pris isolément, donne l'*individu domestique;* et, renforcé par la *transmission des modifications acquises*, il donne la *race*.

---

(1) Dans l'article suivant.

VI.

Observations particulières sur les différents ordres des mammifères.

Dans cet exposé rapide des observations de F. Cuvier sur les différents groupes des mammifères, je suivrai, pour plus de clarté, l'ordre méthodique.

Je commence donc par les *singes* ou *quadrumanes*. Des *singes* de tous les genres, de tous les sous-genres, des *guenons*, des *macaques*, des *cynocéphales*, etc., lui ont offert ce rapport inverse de l'âge et de l'intelligence dont j'ai déjà parlé à propos de l'*orang-outang*.

Ainsi, par exemple, l'*entelle* (1) a, dans le jeune âge, le front large, le museau peu saillant, le crâne élevé, arrondi, etc. A ces traits organiques répond une intelligence développée. Avec l'âge, le front disparaît, recule, le museau proémine; et le moral ne change pas moins que le physique : l'apathie, la violence, le besoin de solitude remplacent la pénétration, la docilité, la confiance. « Ces différences sont si grandes, « dit F. Cuvier, que, dans l'habitude où nous « sommes de juger des actions des animaux « par les nôtres, nous prendrions le jeune « animal pour un individu de l'âge où tou- « tes les qualités morales de l'espèce sont ac- « quises, et l'*entelle* adulte pour un individu « qui n'aurait encore que ses forces physiques. « Mais la nature, ajoute-t-il, n'en agit point « ainsi avec ces animaux qui ne doivent point « sortir de la sphère étroite qui leur est fixée, et

---

(1) Espèce de ***semnopithèque***, et l'un des singes vénérés dans la religion des Brames.

« à qui il suffit, en quelque sorte, de pouvoir « veiller à leur conservation. Pour cela, l'intel- « ligence était nécessaire, quand la force n'exis- « tait pas, et quand celle-ci est acquise, toute « autre puissance perd de son utilité. »

De tous les singes de l'ancien continent, les *macaques* (1) sont jusqu'ici les seuls qui se soient reproduits dans notre ménagerie. F. Cuvier a vu naître un *maimon*, un *macaque* proprement dit, un *rhésus*; et, ce qui est plus curieux, il a vu naître un *métis* ou *mulet* de singe. Ce *métis* provenait de l'union croisée de deux espèces de *macaques* : le *bonnet chinois* et le *macaque* proprement dit.

A propos des *cynocéphales*, F. Cuvier indique un caractère nouveau pour la circonscription de ce groupe de quadrumanes. Linné, s'en tenant au caractère tiré de la queue, laissait les *cynocéphales* confondus avec plusieurs autres singes. L'angle facial, employé plus tard, variant beaucoup avec l'âge, mêlait encore quelques jeunes

(1) Sous genre de *guenons*.

cynocéphales parmi les *guenons*. F. Cuvier trouve un caractère plus sûr dans la position des narines, lesquelles se prolongent jusqu'au bout du museau, et forment ainsi ce *museau de chien*, d'où vient le nom de *cynocéphale*.

Un des animaux qui ont le plus embarrassé les naturalistes et les commentateurs, est le *cynocéphale* des anciens, ce singe que l'on voit représenté sur un si grand nombre de monuments de l'antique Égypte. Or, ce singe était en effet un véritable *cynocéphale;* et, selon F. Cuvier, c'était notre *babouin*.

Parmi les singes du nouveau-continent, le *coaïta*, espèce de *sapajou* du genre des *atèles*, est aussi remarquable par son indolence et par la lenteur de ses mouvements que les autres quadrumanes le sont, en général, par leur activité et leur pétulance (1). Il se traîne plutôt qu'il ne marche. « On croirait, dit F. Cuvier, qu'il a « besoin d'une détermination nouvelle pour cha-

(1) Je ne parle pas ici des *loris* ou *singes paresseux*. Je m'en tiens aux seuls animaux vus et décrits par F. Cuvier.

« cun de ses mouvements. » C'est que, comme toutes les espèces du genre auquel il appartient, il est essentiellement conformé pour vivre sur les arbres. Avec ses longues jambes, ses bras beaucoup plus longs encore, et sa queue prenante, il passe d'une branche à l'autre, il s'élance d'un arbre à l'autre avec une adresse extrême; et, se nourrissant de fruits, il ne descend presque jamais à terre.

Les *sajous* forment une petite famille dont toutes les espèces sont encore à déterminer. Selon Brisson, il y en aurait trois; il y en aurait quatre selon Linnæus, six selon Gmelin, deux selon Buffon; selon G. Cuvier, il n'y en aurait qu'une; et, selon F. Cuvier, on pourrait en établir, du moins d'une manière provisoire, jusqu'à huit espèces.

F. Cuvier a vu la reproduction, dans notre ménagerie, de l'*ouistiti*, une des espèces les plus jolies et les plus petites des singes du nouveau-monde, et du *maki à front blanc*, espèce de ce singulier genre des *makis* qui, comme on sait, ne se trouve que dans l'île de Madagascar.

Parmi les animaux *carnassiers*, le genre *felis* ou *chat* est un de ceux qui comptent le plus d'espèces. Nous avons vu, dans l'article précédent, que toutes ces espèces, jusqu'aux plus terribles, le *lion*, le *tigre*, etc., sont susceptibles d'affection, de reconnaissance. Et il n'en est pas de ces animaux comme des singes ; leur intelligence ne décroît pas avec l'âge. Tout au contraire, cette intelligence se développe et s'étend par l'expérience; et la patience ingénieuse de l'homme en a plus d'une fois obtenu des résultats aussi remarquables qu'inattendus.

Le *lion* a produit dans notre ménagerie. Le *tigre* a produit à Londres ; et, ce qui est bien plus notable, c'est qu'on y a vu, dans ces derniers temps, un *métis* né du mélange de ces deux espèces.

Rien n'est plus difficile que de fixer les limites spécifiques des grands *chats* à pelage tacheté. Les anciens, et particulièrement Oppien, parlent de deux *panthères*. Buffon, ayant sous les yeux trois de ces grands *chats tachetés*, donna à l'un le nom de *panthère*, au second le nom d'*once*, et le nom de *léopard* au troisième. Or, la *panthère* de Buffon est le *jaguar;* son *once* est la *panthère* proprement dite, la *grande panthère* des anciens; et son *léopard* est leur *petite panthère*. G. Cuvier, l'illustre frère de notre auteur, a le premier débrouillé tout ce chaos. Il a reconnu, dans l'animal nommé *panthère* par Buffon, et que Buffon ignorait venir d'Amérique, le *jaguar;* et il a distingué les deux *panthères* des anciens, ou la *panthère* proprement dite et le *léopard*, par les taches du pelage, lesquelles sont tout à la fois plus petites et plus nombreuses dans le *léopard* que dans la *panthère*.

Voilà donc un point éclairci. Mais la difficulté reparaît pour la plupart des autres espèces, et surtout pour les plus petites. Le *serval* de Buffon est-il le même que celui de G. Cuvier? Le *caracal* ou *lynx* d'Afrique et celui du Bengale forment-ils deux espèces? ne forment-ils que deux variétés, deux âges d'une même espèce, etc.? Je n'en finirais pas si je voulais suivre F. Cuvier dans tous ces embarras de détail d'une nomenclature encore si obscure et si mal assise. Une espèce de *chat*, qui se distingue entre toutes les autres par des ongles *non rétractiles*, est le *gué-*

pard ou *tigre chasseur des Indes*. Le *guépard* de notre ménagerie, décrit par F. Cuvier, avait une grande douceur; il avait la grâce, l'adresse du *chat domestique;* il recherchait, comme lui, les caresses, et faisait entendre le même petit grognement lorsqu'on le caressait.

Notre ménagerie a souvent eu les deux *hyènes*, l'*hyène rayée* et l'*hyène tachetée*. F. Cuvier a vu une *hyène tachetée* qui avait pour son maître l'attachement le plus vif; et il a vu une *hyène rayée*, « à laquelle, dit-il, sans la crainte d'ef-« frayer le public, on aurait pu donner la même « liberté qu'à un chien. »

Enfin, il n'est pas, selon lui, jusqu'à la *loutre* qui ne puisse être apprivoisée. Il en a possédé plusieurs qu'il était parvenu à rendre très familières, et qui ne se nourrissaient que de pain et de lait. Aussi ne partage-t-il pas le doute de Buffon sur ce que dit Gessner, qu'on a vu des loutres privées qui obéissaient à leur maître, et qui venaient lui rapporter le poisson qu'elles avaient pris.

Le *chien* est la conquête la plus complète de l'homme sur la nature. Cet animal nous a donné son espèce entière, et à ce point que le type de cette espèce semble avoir disparu. Nulle part le chien n'a été trouvé à l'état de pure nature. A défaut de cet état de *pure nature* qu'on ne connaît pas, F. Cuvier remonte jusqu'au chien le moins modifié par l'homme, c'est-à-dire jusqu'au chien de l'homme le plus grossier, le moins industrieux de la terre, jusqu'au chien de l'habitant de la Nouvelle-Hollande. C'est ce chien qu'il prend pour type de l'espèce. Après le *chien de la Nouvelle-Hollande*, celui qui se rapproche le plus de l'état sauvage est le *chien des Esquimaux*. Notre ménagerie les a possédés tous deux : ils n'avaient, ni l'un ni l'autre, l'aboiement net et distinct de nos chiens domestiques; et ilsavaient, l'un et l'autre, sous leur poil soyeux, une sorte de poil laineux ou de *duvet*, que nos chiens domestiques ont entièrement perdu.

Notre ménagerie a eu plusieurs *loups* très apprivoisés. Une louve, prise au piége et déjà adulte, était néanmoins devenue assez familière pour qu'on pût la laisser vivre au milieu des chiens, avec lesquels elle a produit plusieurs fois. Un autre loup, dont F. Cuvier rapporte l'histoire, nous offre un de ces attachements profonds, dont on croirait l'espèce même du chien à peine capable. « Ce loup, dit F. Cuvier, « avait été élevé comme un jeune chien ; il sui- « vait en tous lieux son maître, dont l'absence « le faisait toujours souffrir ; il obéissait à sa « voix, montrait la soumission la plus entière, « et, sous ces divers rapports, ne différait pres- « que en aucune manière du chien domestique « le plus privé. Son maître, étant obligé de « s'absenter, en fit don à la ménagerie du roi : « là, enfermé dans une loge, cet animal fut plu- « sieurs semaines sans montrer aucune gaieté, « et mangeant à peine ; cependant sa santé se « rétablit ; il s'attacha à ses gardiens, et parais- « sait avoir oublié toutes ses autres affections, « lorsque, après dix-huit mois, son maître re- « vint. Au premier mot que celui-ci prononça, le « loup, qui ne l'apercevait point dans la foule, « le reconnut, et il témoigna sa joie par ses « mouvements et par ses cris. Mis en liberté, il « couvrit aussitôt de ses caresses son ancien ami, « comme l'aurait fait le chien le plus attaché à « son maître après une séparation de quelques « jours. Malheureusement il fallut se quitter une « seconde fois, et cette séparation fut encore la

« source d'une profonde tristesse ; mais le temps
« amena le terme de ce nouveau chagrin. Trois
« ans s'écoulèrent, et notre loup vivait très heu-
« reux avec un chien qu'on lui avait donné
« pour qu'il pût jouer. Après cet espace de
« temps qui certainement aurait suffi pour que
« le chien de la race la plus fidèle oubliât son
« maître, celui du loup revint ; c'était le soir,
« tout était fermé, les yeux de l'animal ne pou-
« vaient le servir, mais la voix de ce maître
« chéri ne s'était point effacée de sa mémoire :
« dès qu'il l'entend, il le reconnaît, lui répond
« par des cris qui annoncent des désirs impa-
« tients ; et aussitôt que l'obstacle qui les sé-
« pare est levé, les cris redoublent ; l'animal se
« précipite, pose ses deux pieds de devant sur
« les épaules de celui qu'il aime si vivement,
« lui passe la langue sur toutes les parties du
« visage, et menace de ses dents ses propres gar-
« diens, auxquels, un moment auparavant, il
« donnait encore des marques d'affection..... Il
« fut nécessaire de se séparer encore. Après cet
« instant pénible, le loup devint triste, immo-
« bile ; il refusa toute nourriture, maigrit, ses
« poils se hérissèrent comme ceux de tous les

« animaux malades : au bout de huit jours, il « était méconnaissable, et l'on eut longtemps la « crainte de le perdre. Enfin sa santé se rétablit, « ses gardiens purent de nouveau l'approcher ; « mais il ne souffrit plus les caresses d'aucune « autre personne, et ne répondit plus que par « des menaces à celles qu'il ne connaissait « point. »

Le *loup* et le *chacal* sont les deux espèces dont notre *chien domestique* se rapproche le plus. Le *loup* produit avec le *chien* des individus féconds. Et néanmoins la ressemblance du *chacal* et du *chien* paraît plus complète encore. Le *chien* a l'organisation du *loup;* mais il a non-seulement l'organisation du *chacal*, il en a les mœurs. Dès que les *chiens* rentrent dans l'état sauvage, ils forment des troupes nombreuses, ils se creusent des terriers, ils chassent de concert, comme les *chacals*. Le *chacal* est-il donc la souche du *chien domestique?* F. Cuvier lui-même avait été porté d'abord à le croire. Il a rejeté plus tard cette idée. L'odeur que répand le *chacal* est si désagréable et si forte, qu'il est presque également impossible d'admettre que l'homme ait jamais pu se donner pour associé l'animal qui répandait une telle odeur, ou que cet animal ait pu, par la seule influence de la domesticité, perdre cette mauvaise odeur.

Le *chacal* du Sénégal et celui de l'Inde sont deux espèces très distinctes, toutes deux sauvages, et qui néanmoins ont produit ensemble dans notre ménagerie. Le *métis*, né du mélange de ces deux espèces, était tout couvert, en naissant, d'une sorte de *duvet* ou de poil laineux. Ce *duvet*, ce poil laineux, recouvrait aussi les petits du *renard rouge*, espèce de l'Amérique septentrionale qui a produit dans notre ménagerie. Ce *duvet* se retrouve, comme on a vu, dans le *chien de la Nouvelle-Hollande*, dans le *chien des Esquimaux;* et j'ai déjà dit que nos *chiens domestiques* en ont perdu jusqu'au germe.

La *civette* et le *zibeth* forment-ils deux espèces distinctes? Buffon n'avait osé prononcer; et l'hésitation a duré jusqu'au moment où notre ménagerie, réunissant les deux espèces, a permis de les comparer immédiatement l'une à l'autre. Il ne sera plus désormais possible de les confondre. La *civette* a des bandes noires transversales; le *zibeth* a des taches noires au lieu de *bandes*, etc. La *civette* est d'Afrique, le *zibeth* est des Indes orientales.

On ne peut guère douter que le *sanglier* ne soit la souche de nos *cochons domestiques;* car toutes nos races de *cochons domestiques* produisent avec cet animal des individus féconds, et d'une fécondité qui se perpétue. Chose singulière, c'est qu'il est le seul *pachyderme* que nous ayons rendu domestique; et, ce qui n'est pas moins singulier, c'est que le *cochon* est aussi le seul de nos animaux domestiques qui présente encore aujourd'hui, et d'une manière sûre, et jusque dans nos climats, sa race à l'état primitif et sauvage. Le *chien*, le *cheval*, le *bœuf*, ont depuis longtemps perdu leurs types; et, comme nous le verrons bientôt, nous ne retrouvons qu'avec incertitude la souche du *bélier* dans le *mouflon*, et celle du bouc dans l'*œgagre*.

Le *rhinocéros unicorne,* ou des *Indes,* est le seul qu'on ait amené vivant en Europe. Celui que décrit F. Cuvier, et qu'on montrait à Paris en 1800, n'était même que le septième animal de cette espèce qu'on y eût vu. Le premier y avait paru en 1513.

Tout le monde connaît aujourd'hui les traits qui distinguent l'*éléphant* d'Afrique de celui d'Asie. L'*éléphant d'Asie* a été vu très souvent en Europe, et de très bonne heure. Pour l'*éléphant d'Afrique*, l'individu que décrit F. Cuvier n'est que le second qu'on y ait amené vivant. Le premier était celui qui mourut à Versailles en 1681, et dont Perrault et Duverney ont donné l'anatomie dans les *Mémoires de l'Académie des Sciences*.

Nous avons vu, dans un précédent article, que tous les *solipèdes* pourraient devenir domestiques, comme le *cheval*, comme l'*âne*. Notre ménagerie a eu successivement toutes ces belles espèces : le *couagga*, décrit par G. Cuvier (1);

---

(1) Dans la *Ménagerie du Muséum d'Histoire naturelle*, ouvrage dont l'*Histoire naturelle des mammifères*, de F. Cuvier, fait, en quelque sorte, la suite.

l'*hémione*, le *zèbre*, le *daw*, décrits par F. Cuvier. On y a vu produire plusieurs fois le *daw*, le *zèbre*; et, ce qui est toujours plus curieux que la production directe, on y a vu la production croisée du *zèbre* avec le *cheval*, et de ce même *zèbre* avec l'âne.

La race du *chameau* ne paraît pas plus exister aujourd'hui dans l'état de nature que celle du *chien*, que celle du *cheval*, que celle du *bœuf*. Le *dromadaire* et le *chameau* produisent ensemble, mais des mulets inféconds. Le *chameau* se nourrit de plantes très communes; il mange à proportion moins que le cheval, et fait beaucoup plus de travail. Les *dromadaires* de notre ménagerie ont tiré, pendant fort longtemps, toute l'eau dont on se servait au Jardin-du-Roi; et l'on s'y est assuré qu'un seul *dromadaire* équivaut, pour le travail, à deux forts chevaux.

Voilà donc encore une espèce dont notre agriculture pourrait s'enrichir, comme elle pourrait s'enrichir de la *vigogne* et de l'*alpaca*, dont je parlais dans un précédent article. Tout le monde connaît la finesse de la laine de la *vigo-*

gne. La laine de l'*alpaca* est presque aussi fine que celle des *chèvres de Cachemire*, et beaucoup plus longue. Sa chair passe d'ailleurs pour très bonne; et, si l'on arrive jamais à le naturaliser parmi nous, il pourra tout à la fois nous nourrir et nous vêtir, comme le mouton.

Le *bouquetin* était généralement regardé comme la souche de notre *bouc domestique*, avant que l'*œgagre* nous fût connu. L'*œgagre*, décrit par Pallas et Gmelin, est un animal du centre de l'Asie; ceux qu'a possédés notre ménagerie, et que décrit F. Cuvier, nous venaient des Alpes. L'*œgagre* ressemble plus au *bouc* que le *bouquetin;* il a d'ailleurs tout le naturel, toutes les habitudes de nos boucs domestiques. L'analogie semble donc indiquer cette sorte de *bouc sauvage* comme la souche des nôtres; et il serait curieux de voir si l'expérience directe, c'est-à-dire le *mélange fécond*, et d'une *fécondité continue*, confirmerait ce qu'indique l'analogie.

A l'occasion de la *chèvre de Cachemire*, F. Cuvier distingue avec détail les deux espèces de poil que la nature semble avoir départies à tous les mammifères terrestres : les uns fins, crépus, sorte de *duvet* plus ou moins épais; les autres plus gros, lisses, donnant leurs couleurs à l'animal, et constituant, dans un grand nombre de cas, l'organe d'un toucher particulier et fort délicat. C'est le poil crépu, c'est le *duvet* des *chèvres de Cachemire*, qui fait tout le prix de ces animaux. Nos *chèvres domestiques* ont aussi un *duvet* comme celles de *Cachemire*, seulement il est moins fin; et, quoique moins fin, il serait infiniment supérieur à la plus belle laine de nos moutons. Il aura fallu l'introduction d'une race étrangère pour nous apprendre à tirer tout le parti possible des nôtres.

Le *mouton* est, après le *chien*, l'animal dont la main de l'homme a le plus profondément modifié la nature. Et les modifications, les *variations*, ont porté sur la plupart des organes. C'est même d'après les organes *variés* ou modifiés que se caractérisent les *races*. La queue, devenue monstrueuse par deux énormes masses de graisse, donne les *moutons à grosse queue de Barbarie*. La queue du *mouton* de cette race, décrit par F. Cuvier, était assez longue pour traîner à terre, et surpassait le corps en largeur. L'accumulation de la graisse sur certains points est, au reste, un caractère général de *modification*, de *variation*, de *race*, dans les animaux ruminants. Le *mouton de Barbarie* a cette accumulation de graisse à la queue. Le *mouton d'Abyssinie*, à tête noire sur un corps blanc et à fanon, n'a qu'une petite accumulation de graisse à la queue, mais il en a une beaucoup plus considérable sur la partie antérieure de la poitrine. La bosse du *dromadaire*, les deux bosses du *chameau*, ne sont que des dépôts graisseux. C'est encore un dépôt graisseux qui forme le renflement des hanches du *gnou*, la bosse du *zébu*, etc.

Une *variation* qui ne s'est montrée jusqu'ici que sur les espèces du *bouc* et du *mouton*, est celle qui double les cornes. Il y a des *moutons* et des *boucs* à quatre cornes. Dans le *bœuf*, dans le *buffle*, les cornes grandissent, diminuent, s'effacent, se détachent des os pour ne rester attachées qu'à la peau ; mais on ne voit jamais leur nombre s'accroître.

La *variation* la plus singulière dans l'espèce du *mouton* est celle qu'y présente le *poil*. Tous les animaux, à l'état sauvage, ont deux sortes de poils : les *poils soyeux*, qui donnent leur couleur à l'animal, comme nous avons vu, et les *poils laineux*, qui ne forment d'ordinaire qu'un simple *duvet*, caché sous les poils soyeux. Or, nos *chiens domestiques* et nos *moutons* offrent, sous ce rapport, les deux cas extrêmes et opposés. Le *chien* n'a que des *poils soyeux* ; il a perdu jusqu'au germe des *poils laineux*, dont on retrouve pourtant quelques traces sur le chien de la *Nouvelle-Hollande*, sur celui des *Esquimaux*, etc. ; et le *mouton*, au contraire, a perdu tous ses *poils soyeux*, et n'a conservé que la *laine*.

Buffon pense que le *mouflon* est la souche de nos *moutons domestiques* ; et cette opinion paraît très fondée. Une espèce sauvage peut être regardée comme la souche d'une race domestique toutes les fois qu'on passe de l'une à l'autre par des intermédiaires suffisants. Or, entre le *mou-*

flon et nos *moutons*, ces intermédiaires existent. D'abord, toutes nos races domestiques se mêlent et produisent ensemble. On le savait pour celles d'Europe ; et F. Cuvier s'en est assuré pour les plus étrangères. Nos béliers fécondent les brebis à grosse queue de Barbarie, etc. On peut toujours, d'un autre côté, en s'aidant tour à tour de l'une ou l'autre de ces races, rapprocher le *mouflon* de celles même de ces races qui en sont le plus éloignées. Il y en a de plus grandes, de plus petites, de plus trapues, de plus sveltes, à chanfrein plus ou moins arqué, à cornes plus ou moins fortes, etc.; presque toutes diffèrent surtout du *mouflon* par le pelage. Le *mouflon* semble n'avoir que des *poils soyeux;* il n'a presque pas de *laine :* pour découvrir cette *laine,* il faut écarter les *poils soyeux* qui la cachent. La distance entre le *mouflon*, qui n'a du *poil laineux* que le germe, et nos *moutons*, qui ont perdu jusqu'au germe du *poil soyeux,* paraît donc aussi grande qu'elle puisse être. Mais ici même des intermédiaires viennent se placer entre le *mouflon* et le *mouton à laine pure*, et les rapprocher l'un de l'autre. Le *morvan* semble n'avoir que des *poils soyeux*, comme le *mouflon* : le *mouton d'Afrique*, à longues jambes, n'a pendant l'été que des *poils soyeux;* un *duvet laineux*, pareil à celui du *mouflon*, reparaît chaque hiver en petite quantité; et, chaque printemps, ce *duvet* tombe.

Le *mouflon* habite les parties les plus élevées de la Corse; il y vit en troupes nombreuses, conduites par les individus les plus forts et les plus expérimentés. C'est un animal grossier, farouche, que notre ménagerie possède depuis longtemps, qui ne demande aucun soin particulier, et qui se prêtera partout aux expériences de *croisement*, nécessaires pour trancher enfin la question des rapports réels du *mouflon* et de nos *moutons domestiques* (1).

Lequel de notre *bœuf*, ou du *zébu*, du *bœuf à bosse*, est-il plus près de la souche primitive?

---

(1) On a déjà tenté quelques-unes de ces expériences, dont le résultat définitif ne peut être que très curieux. (*Voyez* le *Compte rendu* des séances de l'Académie des sciences; année 1838, 2e semestre, p. 724.)

l'une de ces variétés provient-elle de l'autre? toutes questions qu'on n'a pas encore résolues. Le *zébu* se reproduit dans notre ménagerie, et donne des individus féconds avec nos races de bœufs domestiques.

Je disais tout à l'heure que le *cochon* est peut-être le seul de nos animaux domestiques dont la race soit encore à l'état sauvage; mais je ne parlais alors que des grandes espèces. Notre *lapin domestique* a certainement sa souche dans notre *lapin sauvage;* et le *cochon d'Inde* a très probablement la sienne dans l'*apéréa*, petit animal des parties méridionales de l'Amérique.

J'ai déjà fait connaître les observations de F. Cuvier sur le *castor*. L'individu qui lui a donné les résultats les plus curieux avait été pris tout jeune sur les bords du Rhône; il avait été allaité par une femme; il n'avait donc pu rien apprendre, même de ses parents. F. Cuvier l'avait placé dans une cage grillée; et là ce fut encore de lui-même qu'il donna les premières marques de son instinct. On le nourrissait habituellement avec des branches de saule, dont il mangeait l'écorce. Or, on s'aperçut bientôt qu'après les avoir dépouillées, il les coupait par morceaux et les entassait dans un coin de la cage. On eut donc l'idée de lui fournir des matériaux avec lesquels il pût bâtir, c'est-à-dire de la terre, de la paille, des branches d'arbre; et dès lors on le vit former de petites masses de cette terre avec ses pieds de devant, puis les pousser en avant avec son menton, ou les transporter avec sa bouche, les placer les unes sur les autres, les presser fortement avec son museau, jusqu'à ce qu'il en résultât une masse commune et solide, enfoncer alors un bâton avec sa gueule dans cette masse; en un mot, bâtir et construire.

Or, deux choses sont ici de toute évidence : l'une, que cet animal ne devait rien à la *société des siens*, source première, selon Buffon, de l'industrie des castors (1) ; et l'autre, que cet ani-

---

(1) Buffon veut que les *castors* solitaires ne sachent plus rien entreprendre ni rien construire. (*Histoire*

mal travaillait sans utilité, sans but, machinalement, poussé par un besoin aveugle; car,

---

du castor, tome XVII, page 109.) C'est qu'il avait posé en fait que tout individu, pris solitairement, n'est qu'un être stérile, et qu'au contraire toute société devient nécessairement féconde. (*Ibid.*, p. 105.) Or, les *castors* étudiés par F. Cuvier, les *castors* qu'il a vus constamment occupés à ramasser et entasser, tantôt dans un coin, tantôt dans un autre, tout ce qu'ils rencontraient, de la paille, les débris de leurs aliments, etc., ces *castors* qu'il a vus bâtir, et qui bâtissaient sans utilité, puisqu'ils bâtissaient, comme je l'ai déjà dit, dans la cage même où ils étaient logés, ces *castors* étaient solitaires.

Cependant, à en croire Buffon : « Les *castors* sont « peut-être le seul exemple qui subsiste comme un an« cien monument de cette espèce d'intelligence des « brutes qui, quoique infiniment inférieure par son « principe à celle de l'homme, suppose cependant des « projets communs et des vues relatives. » (*Ibid.*, page 104.) Il dit encore : « La société des *castors* n'étant « point une réunion forcée, se faisant par une espèce « de choix, et supposant au moins un concours géné« ral et des vues communes dans ceux qui la com« posent, suppose au moins aussi une lueur d'intelli« gence qui, quoique très différente de celle de l'homme « par le principe, produit néanmoins des effets assez « semblables pour qu'on puisse les comparer. » (*Ibid.*, page 107.)

Ainsi Buffon, qui refuse l'*intelligence* au *chien*

comme le dit F. Cuvier, « il ne pouvait résulter « aucun bien-être pour lui de toutes les peines « qu'il se donnait. »

J'arrive à une question dont je n'ai parlé, dans un précédent article, que pour la renvoyer à celui-ci ; je veux dire à la question de la *transmission* des modifications acquises.

La question de l'*hérédité des modifications acquises* est une des plus importantes et des plus vastes de la physiologie générale. Malheureusement, F. Cuvier ne l'a traitée nulle part d'une manière expresse et complète; il ne l'a traitée que par parties, par fragments : il l'a plutôt indiquée que résolue.

« Les modifications, dit-il, que nous avons

(*Histoire du chien*, tome x, p. 2), voit une *lueur d'intelligence* dans le *castor*, « lequel lui paraît d'ailleurs « très inférieur au *chien* par les qualités relatives qui « pourraient l'approcher de l'homme. » (*Histoire du castor*, tome xvii, p. 111.) C'est que Buffon prend le résultat d'un *instinct* pour un résultat de l'*intelligence*.

« fait éprouver aux premiers animaux que nous « avons réduits en domesticité n'ont point été « perdues pour ceux qui leur ont dû l'existence « et qui leur ont succédé. » Il n'est, en effet, aucune de nos races domestiques qui n'ait ses qualités distinctes, qui ne les transmette par la génération, et qui, très probablement, ne les doive à des circonstances fortuites. Je dis à des *circonstances fortuites*, car on peut les lui conserver, les lui faire acquérir, les lui faire perdre. Il y a un art de conserver la pureté des races, de les modifier, de les altérer, de produire des races nouvelles.

« On est toujours sûr, dit F. Cuvier, de for- « mer des races, lorsqu'on prend soin d'accou- « pler constamment des individus pourvus des « particularités d'organisation dont on veut « faire le caractère de ces races. Après quelques « générations, ces caractères, produits d'abord « accidentellement, se seront si fortement en- « racinés, qu'ils ne pourront plus être détruits « que par le concours de circonstances très puis- « santes; et les qualités intellectuelles s'affer- « missent comme les qualités physiques. C'est

« ainsi que les chiens se sont formés pour la « chasse par une éducation dont les effets se « propagent, mais qui a besoin d'être entrete- « nue pour qu'ils ne dégénèrent pas. »

On sent tout l'intérêt que prend l'étude des *variétés* et des races, considérée de ce point de vue. Les causes qui ont produit les *espèces* ont cessé d'agir ; les causes qui produisent les *variétés* sont dans nos mains, et l'on peut aisément juger de toute la puissance de ces dernières causes par leurs effets. Aucun *genre* naturel de nos catalogues ne montre des différences spécifiques aussi fortes que celles de nos animaux domestiques de même *espèce*. Le lion et le tigre ne diffèrent pas plus l'un de l'autre que le chat d'Espagne ne diffère du chat d'Angora ; le loup et le chacal se ressemblent plus que le chien dogue et le chien lévrier. Or, ces différences, plus grandes que celles qui, dans l'état sauvage, séparent une espèce de l'autre, ce sont des circonstances fortuites, c'est la domesticité, c'est l'homme, qui les produisent.

Et il ne faut pas croire, quoiqu'on le répète sans cesse, que les animaux dégénèrent en devenant domestiques. L'action de la domesticité tend surtout, au contraire, à développer : elle accroît le volume de la queue dans certains moutons, le nombre des cornes dans quelques autres, le poil du chat angora, etc., la taille de presque tous les animaux que l'on soumet à son influence. Et tous ces développements, une fois *acquis*, se transmettent par la génération : le volume de la queue, le nombre des cornes, la richesse des poils, etc.

Ce n'est pas tout. Il n'y aurait pas, selon F. Cuvier, jusqu'à des mutilations qui ne se transmissent. Il rapporte le cas d'une *louve* de notre ménagerie qui fut accouplée avec un chien braque dont on avait coupé la queue, et qui mit au monde deux *métis à très courte queue* (1). Ce n'est pas tout encore. Si ce qu'on assure des *lapins*, qu'ils perdent, après un certain nombre de générations passées en domesticité, la faculté de se creuser des terriers, est vrai, on peut faire perdre jusqu'aux qualités les plus intimes et les

---

(1) Le fait n'est pas décisif. Souvent des petits à très courte queue naissent de parents à queue longue. Pour prononcer sur un pareil sujet, il faudrait un grand nombre d'observations.

plus profondes, on peut faire perdre jusqu'à des *instincts*. On peut même en faire acquérir. Les petits, nés de chiens très exercés à la chasse, n'ont pas besoin d'éducation pour chasser; ils *chassent de race;* et G. Leroy dit « que les jeunes renards, en sortant du terrier pour la pre-« mière fois, sont plus défiants et plus précau-« tionnés dans les lieux où on leur fait beaucoup « la guerre, que les vieux ne le sont dans ceux « où on ne leur tend point de piéges (1).

Je termine par l'examen d'une autre question, que F. Cuvier n'a guère fait qu'indiquer aussi. Après avoir étudié pendant si longtemps les qualités intellectuelles des animaux, il a eu l'idée de chercher dans ces qualités un nouvel ordre de caractères. « L'intelligence des ani-« maux offrirait, dit-il, des caractères spécifi-« ques peut-être plus fixes que ceux qui sont « tirés des organes extérieurs. » Ces qualités intellectuelles sont d'ailleurs, par le fait, les seu-

(1) *Lettres philosophiques sur l'intelligence et la perfectibilité des animaux*, page 86.

les caractéristiques des espèces, dans plus d'un cas. A ne consulter que l'organisation, le *loup* serait un *chien;* et cependant la destination de ces deux animaux est loin d'être la même : l'un vit dans les forêts, l'autre vit près de l'homme; l'un vit à peu près solitaire, l'autre est essentiellement sociable; l'un est resté sauvage, et l'autre est devenu domestique. Rien ne ressemble donc plus au loup que le chien par les formes et par les organes, et rien n'en diffère plus par les penchants, par les mœurs, par l'intelligence. Le lièvre et le lapin se confondent presque à la vue, et cependant le lièvre prend son gîte à la surface du sol, et le lapin se creuse un terrier : notre écureuil se construit un nid au sommet des arbres, et l'écureuil d'Hudson cherche un abri dans la terre entre les racines des pins dont les fruits le nourrissent, etc.

Ainsi donc, et à ne considérer même les choses que sous le point de vue de la distinction positive des espèces, l'étude des qualités intellectuelles n'importe guère moins que l'étude des qualités organiques; et la raison en est simple : c'est par ses qualités intellectuelles que l'animal agit; c'est des actions que dépend le genre de vie; et, par conséquent, la conservation des espèces ne repose pas moins, au fond, sur les *qualités intellectuelles* des animaux que sur leurs *qualités organiques*.

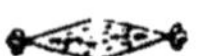

VII.

De la précision avec laquelle certains animaux voient dès leur naissance.

Opinion de Condillac. — Observations de Frédéric Cuvier.

« L'œil, dit Condillac, a besoin des secours « du tact pour juger des distances, des gran- « deurs, des situations et des figures » (1). Il va

---

(1) *Traité des sensations*, 3e partie, chap. 3.

bien plus loin, car il dit que « l'œil est par lui-« même incapable de voir un espace hors de « lui » (1).

Voici pourtant quelques observations de F. Cuvier, qui semblent prouver que certains animaux, du moins, n'ont nul *besoin des secours du tact* pour *voir* avec précision, dès leur naissance.

« Dès que le petit vit le jour (article *Rhésus* « *de dix-neuf jours*, HISTOIRE NATURELLE DES « MAMMIFÈRES), il parut distinguer, dit F. Cu-« vier, les objets et les regarder véritablement; « il suivait des yeux les mouvements qui se fai-« saient autour de lui, et rien n'annonçait qu'il « *eût besoin du toucher pour apprécier* la plus ou « moins grande distance où ces corps étaient de « lui....... Au bout de quinze jours environ, le « petit commença à se détacher de sa mère, et « dès ses premiers pas, il montra une adresse et « une force qui ne pouvaient être dues ni à « l'exercice, ni à l'expérience, et qui mon-« traient bien que toutes les suppositions qu'on

---

(1) *Traité des sensations*, 1re partie, chap. 11.

« a faites sur la *nécessité absolue du toucher pour* « *l'exercice de certaines fonctions de la vue*, sont « illusoires.

« Le jeune (article *Bison*, *Ibid.*) avait, en nais- « sant, la taille d'un veau du même âge : à « peine fut-il né, qu'il se leva sur ses jam- « bes et alla, presque en courant, sur tous les « points de son écurie, sans se heurter, et en se « conduisant comme s'il eût connu les lieux par « sa propre expérience. »

Or, il est à remarquer que les *singes*, les *rumi- nants*, etc., naissent les yeux ouverts. D'autres animaux, au contraire, naissent les yeux fer- més, par exemple, le *chien*, etc. L'homme naît avec des yeux ouverts, mais qui n'ont pas encore toutes les conditions requises pour une vision nette et distincte.

Dans la question, d'ailleurs si compliquée, des rapports de la *vue* et du *toucher*, il faudra donc faire entrer un élément de plus, celui des espèces, ou plutôt celui de l'état où se trouve l'*organe de la vue*, selon les espèces, dans les premiers moments où la vision s'opère.

VIII.

Examen de quelques assertions de Dupont de Nemours sur l'instinct.

Condillac et G. Leroy avaient essayé de faire rentrer l'*instinct* dans l'*intelligence*. Dupont de Nemours veut qu'il n'y ait point d'*instinct*.

Il veut que les actions *attribuées à l'instinct* soient, « de toutes les actions, celles où la percep-
« tion est la plus vive, la logique la plus rigou-

« reuse, la prévoyance la plus ingénieuse et la « plus sûre » (1).

Il veut enfin que *nous apprenions tout* (2); il veut que nous apprenions à *marcher* (3), à *teter* (4), à *voir* (5). Je m'arrête à ces trois dernières assertions, parce que chacune de ces assertions n'est, au fond, qu'une question de fait.

Est-il vrai que *nous apprenions à marcher?* A l'époque où écrivait Dupont de Nemours, le principe qui règle le mécanisme de la *marche* n'était pas connu. Aujourd'hui que ce principe est connu, il est permis de dire que le fait de *marcher*, loin d'être un fait d'*intelligence*, n'est pas même un fait d'*instinct*.

Le principe qui règle le mécanisme de la

(1) *Quelques mémoires sur différents sujets, la plupart d'histoire naturelle*, etc., 1813; *Mém. sur l'instinct*, page 157.

(2) Page 160.

(3) *Ibid.*

(4) Page 161.

(5) Page 163.

marche réside dans une partie déterminée de l'*encéphale*, partie qui est toute autre que celle dans laquelle réside l'*intelligence* (1).

J'ai montré, par des expériences directes (2), que l'*encéphale* se compose de trois parties essentiellement distinctes : le *cerveau proprement dit* (3), siége exclusif de l'*intelligence;* le *cervelet*, siége du principe qui règle l'*équilibration*, ou la *coordination* des mouvements de *locomotion* (4) ; et la *moelle allongée*, siége du principe qui règle le mécanisme de la *respiration*, et, par suite, le mécanisme entier de la vie.

Quand on enlève, sur un animal, le *cerveau proprement dit* (5), on abolit l'*intelligence;* quand on enlève le *cervelet*, on abolit les mouvements de *locomotion;* et quand on détruit la *moelle allongée*, on abolit la *respiration* et la vie.

---

(1) Et les *instincts* résident dans la même partie que l'*intelligence*.

(2) *Voyez* mes *Recherches expérimentales sur les propriétés et les fonctions du système nerveux dans les animaux vertébrés*. Paris, 1824.

(3) *Lobes* ou *hémisphères cérébraux*.

(4) La *marche*, le *saut*, la *course*, etc.

(5) *Lobes* ou *hémisphères cérébraux*.

Mais, ce qu'il suffit de remarquer ici, c'est qu'on peut faire perdre l'*intelligence* à un animal en lui enlevant le *cerveau proprement dit*, sans troubler la *régularité* de ses mouvements. Cette *régularité* subsiste tant que le *cervelet* reste intact ; elle subsiste après que l'*intelligence* est perdue : elle ne dépend donc pas de l'*intelligence*.

« *Marcher*, dit Dupont de Nemours, c'est se « tenir alternativement en équilibre sur un pied « et sur l'autre » (1) : définition qui est très juste. Mais il ajoute que c'est là un *art*, « et un art *si* « *bien acquis*, que les hommes les plus robustes « l'*oublient* lorsqu'ils dérangent leur raison par « l'intempérance » (2). Nullement. C'est que le *cervelet*, siége du principe qui règle les mouvements, est directement affecté *dans l'intempérance* (3). Un animal dont on blesse le *cervelet* perd l'équilibre de ses mouvements, comme un animal ivre.

« Il y a des hommes, dit encore Dupont de « Nemours, qui étendent *l'art de marcher* jus-

---

(1) *Mém. sur l'instinct*, p. 160.

(2) *Ibid.*

(3) *Voy.* mes *Recherches expérimentales sur les propriétés et les fonctions du système nerveux.*

« qu'à danser et sauter sur une corde » (1). Et il confond ici deux choses absolument distinctes : l'*équilibre primitif* des mouvements, *équilibre* donné par le *cervelet*, et l'usage qu'on fait de cet *équilibre*, une fois donné, pour *danser*, pour *sauter sur une corde*, pour *courir*, pour *marcher*, etc. En un seul mot, c'est l'*intelligence* qui veut le mouvement et le genre de mouvement : mais l'*équilibre*, c'est-à-dire l'*harmonie* de tous les efforts partiels qui amènent un mouvement régulier et d'ensemble, cet *équilibre* dépend d'un organe particulier, du *cervelet*, et cet organe est indépendant de l'*intelligence*.

Le fait de *teter* est un fait de *pur instinct*. Je l'ai déjà dit : l'enfant *tette* en venant au monde, sans l'avoir appris, sans avoir pu l'apprendre. Les petits de certains animaux, rapprochés des mamelles, *tettent*, même avant d'être entièrement sortis du sein de leur mère.

Dupont de Nemours dit que *teter* est un *art* (2),

---

(1) *Mém. sur l'instinct*, p. 160.
(2) Page 163.

que cet *art* s'apprend par *raisonnement*, par *méthode* (1), par *un certain nombre d'expériences suivies d'inductions justes* (2). Et il ne voit pas que l'enfant *tette* sans *raisonnement*, sans *expériences*, sans *inductions*, car dès qu'il rencontre le mamelon, il *tette*.

Enfin, est-il bien sûr que *nous apprenions à voir?* — « Nous apprenons à voir, dit Dupont de « Nemours, comme nous apprenons à lire » (3). C'est toujours la confusion des choses les plus distinctes. *Lire*, c'est appliquer un sens convenu à un signe. *Voir*, c'est tout simplement apercevoir, distinguer ce signe. *Lire*, c'est appliquer un fait primitif donné, le fait de *voir*, à un usage particulier. Et cet usage s'apprend. Nous apprenons à *lire*, comme nous apprenons à *danser*, à *sauter sur une corde*. Mais apprenons-nous à *voir?* (4)

---

(1) *Mémoire sur l'instinct*, page 171.

(2) Page 164.

(3) Page 161.

(4) La vraie question n'est pas précisément, même

Les observations de F. Cuvier, que je viens de rapporter, suffisent pour montrer combien cette question offre encore de doutes.

Au reste, à vouloir la traiter de nouveau, ce ne serait pas dans Dupont de Nemours, assurément, ce serait dans Condillac, qu'il faudrait la suivre.

---

dans Condillac, *si nous apprenons à voir*. « Je ne dirai « pas comme tout le monde, et comme j'ai dit jusqu'à « présent moi-même, et fort peu exactement, dit Con- « dillac, que nos yeux ont besoin d'apprendre à voir; « car ils voient nécessairement tout ce qui fait impres- « sion sur nous... mais je dirai qu'ils ont besoin d'ap- « prendre à regarder. C'est de la différence qui est « entre ces deux mots que dépendait l'état de la ques- « tion. » *Traité des sensations*, 3e part., chap. 3. Or, si *voir* est *regarder*, et si *regarder*, comme le dit encore Condillac, est *discerner*, *analyser*, il est trop évident que *nous apprenons à voir;* car il est trop évident que nous apprenons à *regarder*, à *discerner*, à *analyser*. La vraie question est donc celle que je posais tout à l'heure, savoir, si l'œil *a besoin du tact* pour juger des grandeurs, des situations, des distances ; ou, ce qui revient au même, s'*il est incapable par lui-même* de voir les objets hors de lui, et s'*il a besoin du tact* pour les voir ainsi.

Je ne fais ici qu'une seule remarque. C'est qu'une première difficulté, dont il faut se débarrasser en lisant Condillac, se trouve dans l'emploi de certaines expressions qui ne sont pas justes, et que Condillac sait très bien n'être pas justes.

Ainsi, par exemple, il dit : que le *toucher* seul *juge* des objets extérieurs par lui-même (1); que les autres *sens* n'en *jugent* que par le *toucher* (2); que c'est le *toucher* qui *instruit* les autres sens (3), etc.

Et cependant il avait dit ailleurs que *les sens ne sont que cause occasionnelle; qu'ils ne sentent pas; que c'est l'ame seule qui sent à l'occasion des organes* (4).

A n'employer ici qu'un langage rigoureusement précis, c'est donc l'*esprit* seul qui *sent*, l'*esprit* seul qui *juge*, l'*esprit* seul qui s'*instruit*. Aucun *sens* n'en *instruit* un autre. L'*esprit* seul

---

(1) *Traité des sensations : Préambule de l'Extrait raisonné.*

(2) *Ibid.*

(3) *Extrait raisonné : Précis de la 3e partie.*

(4) *Extrait raisonné : Préambule.*

s'*instruit* en corrigeant un sens par l'autre, ou, à parler plus exactement encore, en corrigeant les impressions d'un sens par les impressions d'un autre.

L'*œil* ne voit donc pas, c'est l'*intelligence* qui voit par l'œil. Et, chose à laquelle on ne se serait pas attendu sans doute, c'est qu'il y a une expérience directe qui le démontre formellement.

Quand on enlève le *cerveau proprement dit* à un animal, l'animal perd toute *intelligence*. Mais, par rapport à l'œil, rien n'est changé : les objets continuent à se peindre sur la *rétine;* l'*iris* reste contractile, le *nerf optique* excitable. Et cependant l'animal ne voit plus. Il n'y a plus *vision*, parce qu'il n'y a plus *intelligence* (1).

---

(1) *Voyez* mes *Recherches expérimentales sur les propriétés et les fonctions du système nerveux.*

FIN.

NOTES.

Page 9. *Et surtout son grand ouvrage intitulé : Histoire naturelle des mammifères.*

Un autre ouvrage de F. Cuvier, également important, mais de pure zoologie, est son *Traité sur les dents des mammifères* (1).

Ce dernier ouvrage est l'étude la plus complète des *caractères génériques* tirés des dents. On y trouve, de plus, quelques résultats physiologiques très curieux.

Ainsi, par exemple, tous les *rongeurs* à dents molaires pourvues de racines proprement dites, ont un *cœcum* très volumineux, et ils sont tous *herbivores;* tous les *rongeurs* à dents molaires dépourvues de

(1) *Des dents des mammifères, considérées comme caractères zoologiques.* 1825.

13.

racines, ou n'ont pas de *cæcum*, ou n'en ont qu'un petit, et ils sont tous *omnivores*.

Dans les animaux *carnivores*, le rapport entre la *forme des dents* et le *régime* est plus rigoureux encore. Le régime de l'animal s'y calcule, avec une précision presque mathématique, d'après la forme *tuberculeuse* ou *tranchante* des dents molaires.

Ainsi, les *chats* (le *lion*, le *tigre*, la *panthère*, etc.) se nourrissent exclusivement de chair, et presque toutes leurs dents sont *tranchantes*; ils n'ont qu'une *tuberculeuse* à la mâchoire supérieure, la *tuberculeuse* inférieure avorte. Les *chiens* ont déjà deux *tuberculeuses* à chaque mâchoire, et ils peuvent se nourrir en partie de substances végétales. Enfin, le *raton*, le *coati*, l'*ours*, etc., ont presque toutes leurs dents *tuberculeuses*, et leur régime peut être entièrement frugivore.

Ces lois sont simples, claires, et tout le monde en sent la portée. Un seul caractère extérieur, la forme *tuberculeuse* ou *tranchante* des dents, donne, par la chaîne des rapports, la forme du canal intestinal, le régime, et jusqu'aux habitudes de l'animal, jusqu'à ses instincts. C'est la réalisation du mot célèbre de Duverney : *Qu'on me présente la dent d'un animal, et je dirai quelles sont ses mœurs.*

Page 44. *Descartes et Buffon refusent aux animaux toute intelligence.*

Il y a, sur le système des *bêtes-machines* de Descartes, un *dialogue* de Fénelon, où se trouvent des remarques très fines. Voyez le *dialogue* intitulé : ARISTOTE ET DESCARTES.

Descartes, voulant expliquer la *poursuite* du lièvre par le chien, suppose dans le chien des ressorts si délicats que, *touchés par les corpuscules du lièvre, ils tirent le chien vers le lièvre.*

« Mais (répond Aristote), quand ce chien est en dé-
« faut, et que ces corpuscules ne viennent plus lui
« frapper le nez, qu'est-ce qui fait que ce chien cher-
« che de tous côtés jusqu'à ce qu'il ait retrouvé la
« voie ? »

Page 123. *Examen de quelques assertions de Dupont de Nemours sur l'instinct.*

Je n'examine ici, des assertions de Dupont de Nemours, que celles qui se rapportent à l'*instinct*. Il ne saurait être question, d'ailleurs, de ses idées sur ce qu'il appelle le *langage des animaux*. Et, quant aux faits curieux dont son *Mémoire* est plein, ces faits auraient besoin d'être démêlés ; car, voulant prouver qu'*il n'est point d'instinct*, Dupont de Nemours confond partout les faits qui appartiennent réellement à l'*intelligence*, avec les faits qui n'appartiennent qu'au *pur instinct*.

Je ne puis mieux terminer ces *Notes* qu'en rappelant ici, à l'occasion de ces Études sur l'*instinct et l'intelligence des animaux*, le *Mémoire* de M. Dureau de La Malle *sur le développement des facultés intellectuelles des animaux domestiques*. (*Annales des Sciences naturelles*, t. XXII.)

FIN DES NOTES.

TABLE.

FIN DE LA TABLE DES MATIÈRES.

Imprimerie d'HIPPOLYTE TILLIARD, rue St.-Hyacinthe-St.-Michel, 30.